汤的全事典

[日]川上文代　著
范非　译

中国轻工业出版社

前言

世界上的汤种类丰富多样，炖肉和炖鱼等味道浓郁的汤菜也是人们餐桌上必不可少的菜肴之一。这本书介绍了汤的基本知识以及世界各地的人们是如何制作汤的。

除了经典的海鲜汤和罗宋汤，本书还介绍了世界各地著名的汤。也有特定汤的类别，例如清汤、番茄汤和炖汤，以及日本汤的部分。

做汤时，高汤很重要。如果使用味道浓郁的蔬菜、骨头、海带、鱼片等，煮沸时它们会变成可口的味道，所以请尝试制作高汤。但是，如果您时间不充裕，则可以使用速食高汤。

即使使用的食材相同，由于生活环境、生活习惯和风俗的不同，

做出的汤也会味道各异。在日本，不同地区和家庭制作的味噌汤也是味道迥异。全世界的汤都如此，即使是相同的番茄汤，不同地区的口味也各不相同。使用本书时，您可以足不出户让味蕾环游世界。

本书最新版的尺寸更大，更易于阅读。书中包括详细的烹饪过程照片、改进的食谱、制作要点等，即使是初学者也可以制作出正宗的汤品。除了食谱之外，各种专栏也介绍了不同的食材以及做汤的技巧。希望您通过本书，可以制作出令自己骄傲的美味汤品。

川上文代

目录

第一章
汤的基础

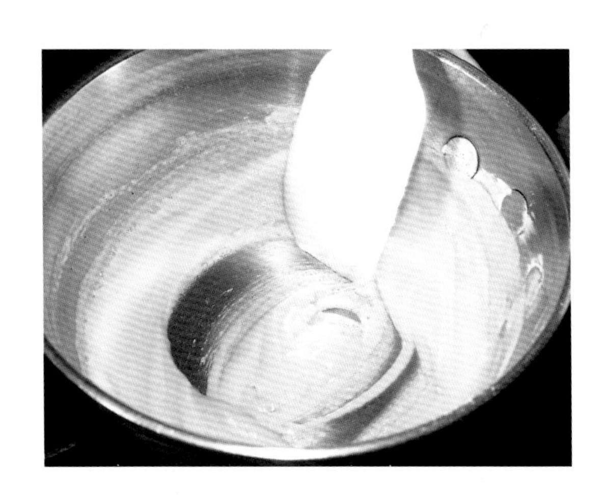

第二章
经典汤品

第三章

汤的变化

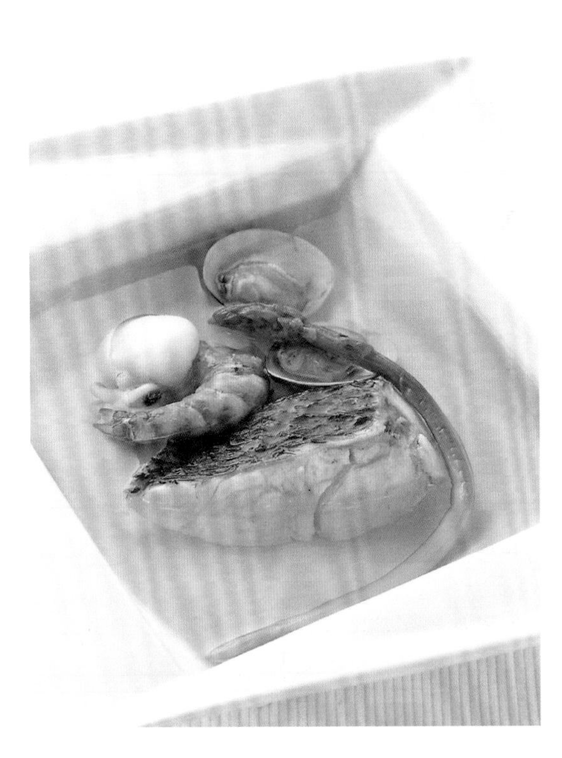

第四章

世界名汤

第五章

日式汤品

本书使用说明

- 本书中的烹饪方法为较正式的制作方法。
- 本书介绍了制作重点及烹饪前的准备工作。
- 材料中1杯=200mL，1大勺=15mL，1小勺=5mL。
- 用时为大致数据，请根据实际情况做出调整。
- 烤箱或微波炉等由于机器型号不同，性能不尽相同，请根据实际情况调节温度。
- 油炸用油、处理食材时所用的材料为材料表外。
- 烹饪方法中，括号内标注的数量基本为约数，请根据材料实际情况调整。

原书工作人员

摄影 永山弘子
设计 中村玉
插图 义安宫
料理制作 结城寿美江、片冈亚理歌、野口佳织
编辑·制作 baburn株式会社（矢作美和、丸山绫、后藤海织、藤村容子）

第一章

汤的基础

汤的基础知识

就像日本人从国外旅行归来，喝到一碗味噌汤后会感到无比舒适一样，任何一个国家都有像味噌汤一样有着特殊意义的汤。汤是一种最具代表性的家的味道，现在就来了解一下那些能够滋润身心的好汤，探寻它们的魅力和渊源。

世界各地的汤

每个国家都有各式各样的汤，下面介绍各国最具代表性的汤品。

红菜汤
（俄罗斯）

以红甜菜为主要食材制作而成，在俄罗斯、乌克兰等不同地方，味道也各不相同。

玉米饼汤
（墨西哥）

一种辣味番茄汤，里面加入了用玉米粉做成的薄饼。

曼哈顿蛤蜊杂烩浓汤
辣味牛肉芸豆汤
（美国）

曼哈顿蛤蜊杂烩浓汤是一种以生长在美国西海岸的贝类为主要食材的奶油汤，容易让人误认为是墨西哥料理，实际起源于美国得克萨斯州。

味噌汤
清汤杂煮
（日本）

味噌汤的主要味道来源于味噌，不同地方的汤料也有所不同，还有像冷汤那样拌米饭食用的。

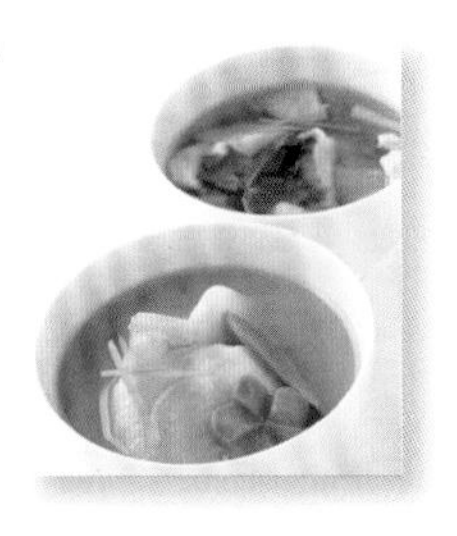

参鸡汤
海带汤
（韩国）

韩国的海带汤多以牛肉高汤为底汤。参鸡汤中添加了人参、红枣等食材，适合夏季食用。

冬阴功汤
（泰国）

泰国宫廷汤品，被称为世界三大汤品之一，味道酸辣。

汤，不只是各种食材的混合，更是营养丰富的宝库

汤，虽然并不华丽出众，却是饮食中不可或缺的料理。制作汤最简单的做法就是把蔬菜和肉一起放到锅中炖煮，如果再用到勾芡、搅拌等一些技巧，汤的味道也会有所不同。

与其他料理相比，汤的营养价值更高。在其他烹饪方式下很容易流失的维生素和矿物质等营养成分融入汤中后，很容易被人体吸收。另外，做汤时使用的食材种类较多，营养成分丰富，容易被人体消化吸收，更适合身体不适时食用。例如在韩国常见的参鸡汤和海带汤，对产后恢复具有良好的效果，深受韩国人喜爱。

牛尾汤
（英国）

英国冬季气候寒冷，英国人多将牛尾或羊羔肉炖成汤，用来暖身。

牛肉土豆炖汤
（匈牙利）

将牛肉、洋葱、辣椒粉等一起炖煮而成，味道浓郁。

浓香番茄汤
（土耳其）

使用夏季刚采摘的番茄，只需简单调味就能制作成非常美味的汤。

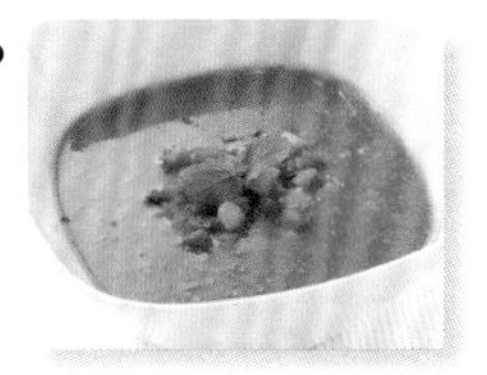

香辣杂豆汤
（印度）

依靠食材的本味，不使用高汤调味，麻辣鲜香。

牛肉清汤
普罗旺斯鱼汤
奶油浓汤
（法国）

法式汤注重肉汤的味道，不同地区的汤味道也各式各样。法国南部的渔民用新鲜的鱼贝类制作出鲜美的普罗旺斯鱼汤。

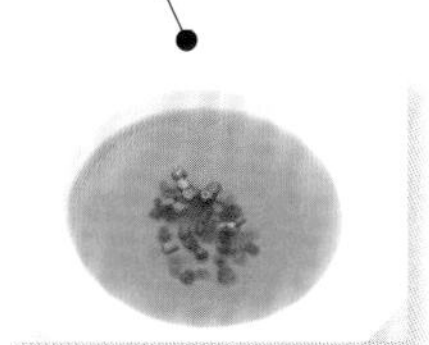

鱼翅羹
鲜虾云吞汤
粟米羹
（中国）

中餐里的汤变化多样，最常见的就是鸡汤。

帝王菜汤
（埃及）

将原产于埃及、带有黏性的帝王菜捣碎，制成的绿色汤。

海味汤
（西班牙）

用鱼贝类、藏红花、番茄等食材制作而成。

意式杂菜汤
（意大利）

洋葱和胡萝卜等蔬菜的营养充分融入汤中，味道鲜美。

黄瓜酸奶羹
（保加利亚）

用保加利亚特产的酸奶制作而成的冷汤。

世界各地的汤都凝结了民族智慧

据说，汤原本是将变硬不能吃的面包和蔬菜等放在一起炖煮而成的粥状料理，在此基础上，又结合了世界各地的食材和风俗习惯，形成了各具特色的汤品。例如，使用了大量香料的印度香辣杂豆汤、埃及人餐桌上不可或缺的帝王菜汤、俄罗斯色彩鲜艳的红菜汤等。从颜色搭配到食材选用，汤都各具特色。

在欧洲上流社会的餐桌上，也诞生了许多美味的汤，例如清炖肉汤、法式浓汤等。

世界各地的汤都是融合了当地民族智慧的传统料理，追根溯源都是“家的味道”。

制作汤的必备工具

汤并不仅仅是在锅中慢熬，还需要使用过滤网过滤、搅拌器搅拌等其他烹饪方法。虽然不需要特殊的烹饪工具，但为了使做出来的汤更加美味，最好还是能准备一些工具。

汤锅

炖汤所用的锅最好选择材质较厚的金属制品，虽然较重，但是热传导性能较好，食物不容易烧焦，非常适合需要长时间炖煮的料理。此外，还有能将烹饪时间减少十分之一的压力锅，虽然价钱略贵，但在炖汤时也经常被用到。

煎锅

制作烤肉或烤鱼时，煎锅是最好的选择，经过特殊处理的不粘锅不容易煎焦食物，也易清洗。中式炒锅可广泛用于煎炒烹炸和炖汤。

长柄勺、木铲、刮刀

长柄勺可用来去除汤里的杂质和添加水；刮刀可将锅或碗里的食物集中到一起，如果是用耐热材料制成，即使汤的温度很高，使用起来也能比较放心。

筛子、漏斗、过滤网

需要过滤时使用筛子或漏斗，如果想要过滤效果更好，可以使用网眼较小的过滤网。如果想保留蔬菜的口感，可以使用网眼较大的过滤网。

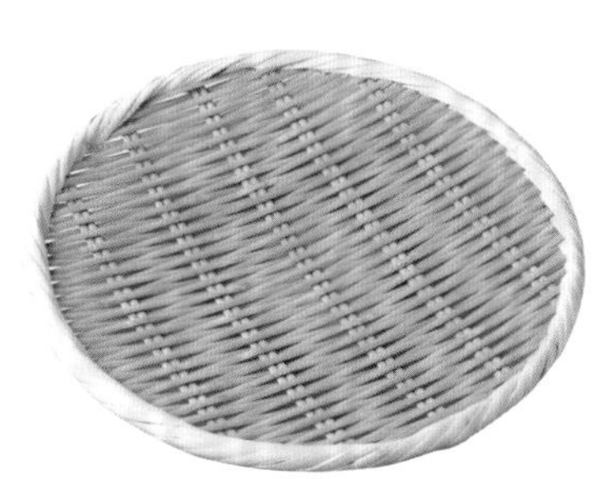

搅拌器

制作法式浓汤或西班牙冷汤时，需要将食材搅拌成较小的形状时使用。

圆形盆、打蛋器

给锅中食物降温时，如果能将锅直接放入圆形盆中，操作会更加方便。使用打蛋器能将奶酪、面粉和牛奶搅拌均匀。

如果有这些工具会更方便

以下工具并不是必备的，但如果有的话，操作时会更加方便。

模具

将食材简单切出形状的工具。有整套的，包括各种形状。

研钵、研杵

将芝麻等油分较多的食物捣碎，或将香料混合后碾碎的工具。

蒸锅

制作中式汤或不想破坏食物形状时必备的加热工具。

擦菜器

除了切割奶酪，还能将蔬菜切丝和切薄片。

基础高汤的做法

高汤是制作所有汤的基础，亲手制作的高汤，味道是市场上的成品高汤所不能媲美的。将做好的高汤冷藏保存，可用于制作各种各样的汤，还能缩短烹饪时间，非常便利。

鸡高汤

用鸡架熬成的鸡高汤味道鲜美，是无可挑剔的万能高汤。大多数的西式汤都用鸡高汤作为底汤。

材料（约1L）
鸡架4个、鸡腿1只（250g）、水2L、洋葱1/2个（100g）、丁香1个、胡萝卜3/4根（120g）、西芹1/2根（50g）、月桂叶1片

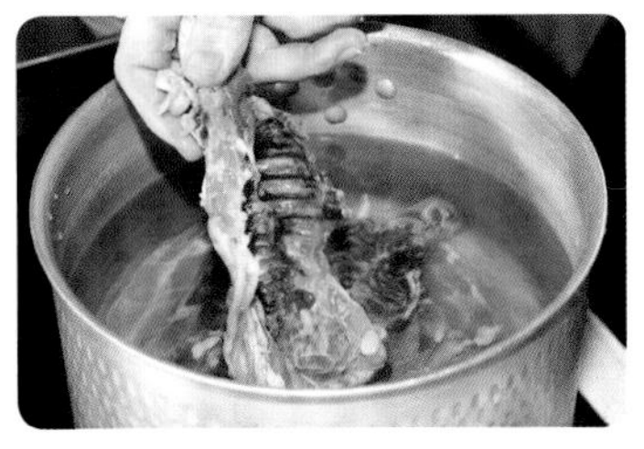

1 将鸡架放入锅中，加水，开大火。

2 当锅中漂浮出杂质时，用长柄勺撇去浮沫。

3 将丁香插入洋葱中，将胡萝卜、西芹纵向分成4等份，然后与月桂叶、鸡腿一起放入锅中，小火炖煮约2小时。

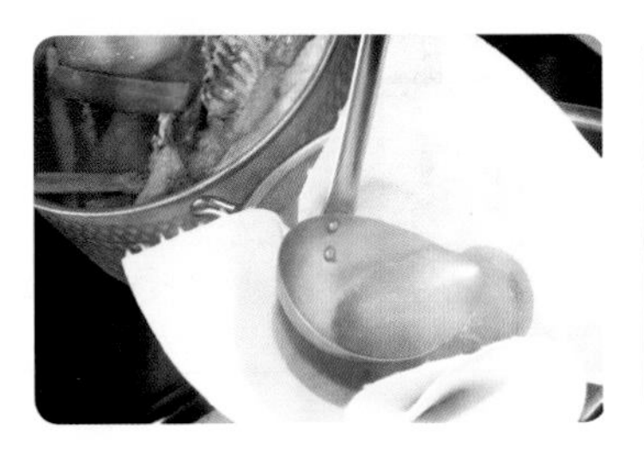

4 在过滤网上垫一层过滤纸，用长柄勺将汤盛出、过滤。将锅底剩余的汤慢慢倒入过滤网过滤，注意动作要慢，以防汤中混有杂质。

小牛高汤

用小牛肉和骨头炖煮出的味道浓郁的高汤，制作重点是要先把食材烤后再炖煮。

材料（约1L）

小牛胫肉300g、小牛胫骨1kg、洋葱3/4个（150g）、胡萝卜1/3根（50g）、西芹1/5根（20g）、韭葱1根（100g）、蒜1瓣（10g）、番茄1/2个（100g）、番茄酱20g、水4L、白胡椒粒3粒、百里香1枝、月桂叶1片、色拉油适量

1 将胡萝卜纵向对半切开，洋葱、蒜、韭葱、西芹切大块。在烤盘上涂一层油，将小牛胫骨和所有蔬菜放入烤盘，入烤箱220℃烤至焦黄色。

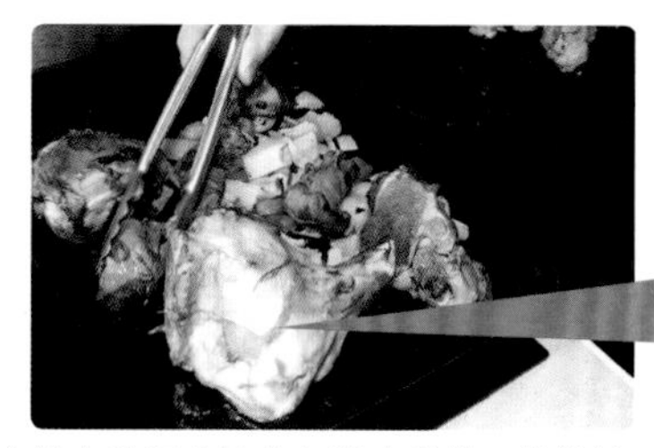

POINT

小牛胫骨要全部烤成焦黄色

每块骨头都要不时翻面，使每一面都烤得均匀。

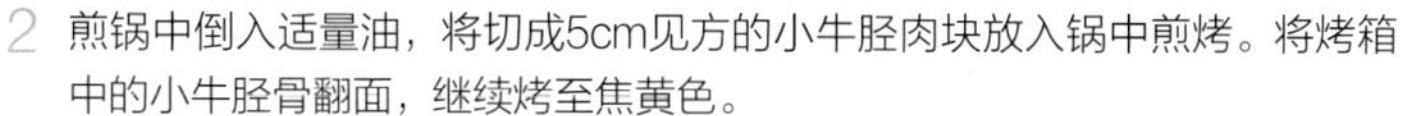

2 煎锅中倒入适量油，将切成5cm见方的小牛胫肉块放入锅中煎烤。将烤箱中的小牛胫骨翻面，继续烤至焦黄色。

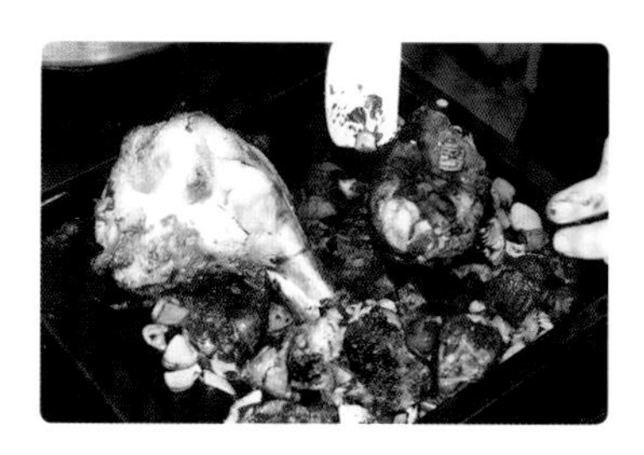

3 烤箱中的食材全部呈焦黄色后，涂抹番茄酱，继续烤制。

4 在圆形深底汤锅中倒入水，放入烤好的小牛胫骨，大火加热。汤沸腾后撇去杂质，将烤好的蔬菜、白胡椒粒、番茄、百里香和月桂叶放入锅中，继续炖煮六七分钟。

5 撇去表面的杂质。在过滤网中垫上过滤纸，将汤慢慢倒入过滤网中过滤。

鱼高汤

用白肉鱼炖煮出的味道清淡的高汤。制作重点是要在鱼刺的异味还没出来之前快速完成。

材料（约1L）
舌鳎鱼300g、洋葱1/3个（60g）、韭葱1/5根（20g）、西芹1/3根（30g）、香菇2个（4g）、白葡萄酒100mL、水1L、白胡椒粒3粒、百里香1枝、月桂叶1片

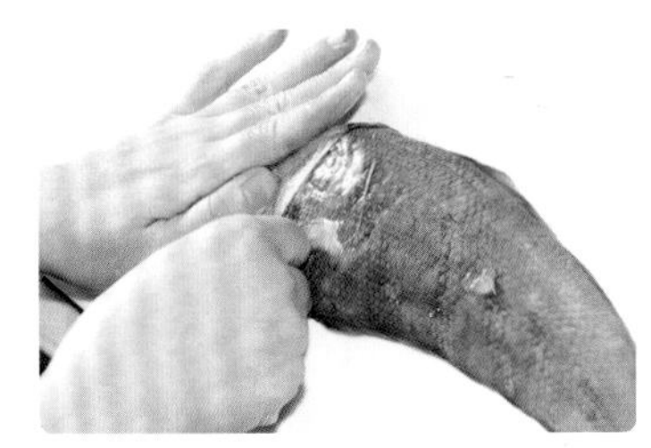

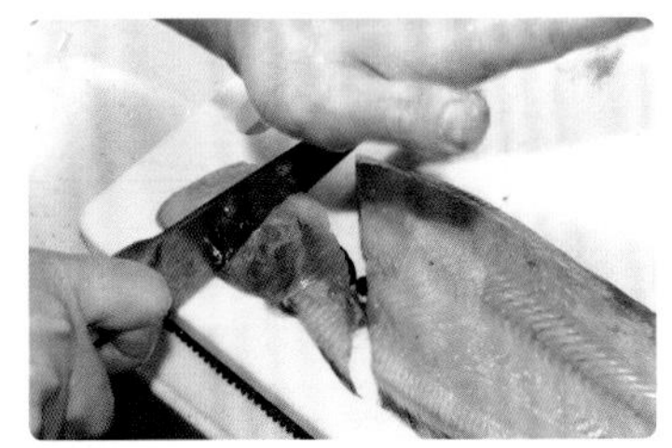

1 剥去舌鳎鱼的鱼皮，去除头、鳃和内脏，洗净后将鱼片成两半，将鱼身放入冷水中浸泡5分钟，去除血水。

2 在深底汤锅中加入水和白葡萄酒，加入切片的蔬菜、舌鳎鱼、白胡椒粒、百里香和月桂叶，大火炖煮。

3 炖煮过程中要撇去表面杂质。约20分钟后，在过滤网中垫上过滤纸，倒入鱼高汤过滤。

POINT
不要一直使用大火
如果一直开大火炖煮，汤会变混浊，汤沸腾后应改为小火炖煮。

牛肉高汤

用牛肉和鸡架炖煮而成，味道浓郁，可以和小牛高汤混合使用。可用香味蔬菜或香料提味。

材料（约1L）

牛胫肉300g、鸡架4个、水3L、洋葱3/4个（150g）、胡萝卜1/2根（100g）、西芹1/2根（50g）、蒜1瓣（10g）、番茄1/2个（100g）、丁香1根、白胡椒粒3粒、百里香1枝、月桂叶1片、白葡萄酒100mL

1 洋葱纵向切成两半，将丁香插在其中一半上。蒜纵向切成两半，西芹切大块，胡萝卜切成4等份。去除牛胫肉上的脂肪，切大块。

2 在深底汤锅中倒水，放入去除净内脏的鸡架和牛胫肉块，大火炖煮，撇去杂质。

3 锅中放入处理好的蔬菜，加入番茄、白胡椒粒、百里香、月桂叶和白葡萄酒，小火炖煮约4个小时。

POINT

丁香的用法

将丁香插入洋葱里，当丁香的味道过重时，可以马上找到它并取出。

4 在过滤网里垫上过滤纸，将牛肉高汤慢慢倒入过滤网过滤。

日式高汤的做法

制作日式汤菜少不了日式高汤，与西式的肉汤不同，日式高汤用料较少，制作方法也更简单，而且味道非常鲜美，因此不必提前制作太多，做出一次所需的量即可，这样做出的汤菜才更加美味。

海带鲣鱼高汤

虽然烹饪时间较短，但海带和鲣鱼也散发出十足的鲜味。

材料（约800mL）
水1L、海带1块（10cm）、鲣鱼干15g

1 擦去海带上的灰尘和杂质，放入水中浸泡30分钟左右。

2 锅中加水，将浸泡过的海带放入锅中，中火加热，水沸腾前将海带取出。

3 将鲣鱼干放入锅中，煮沸后改小火，撇去杂质。

4 关火后将鲣鱼干沉淀片刻，然后将高汤慢慢倒入垫好过滤纸的过滤网中。

杂鱼干高汤

味道独特且浓郁，注意不要炖出腥味。

材料（约800mL）
水1L、杂鱼干15g、清酒1大勺

1 将杂鱼干的头和内脏去除干净并洗净，在水中浸泡一晚，然后和水一起倒入锅中。

2 大火加热，沸腾后倒入清酒，改小火加热，撇去杂质，炖煮5分钟后慢慢倒入垫好过滤纸的过滤网中。

中式高汤的做法

中式汤中的调味料丰富，风味十足。大多数中式汤都是用鸡架炖出来的肉汤作为高汤。制作高汤时，用葱、姜等香味蔬菜去除鸡肉的异味，炖煮出香味，这一点十分关键。

鸡架高汤

最基本的中式高汤。将鸡架充分洗净再炖煮，就不会出现异味。

材料（约1L）

水3L、鸡架4个、猪骨1/4根、葱叶2根、姜1块

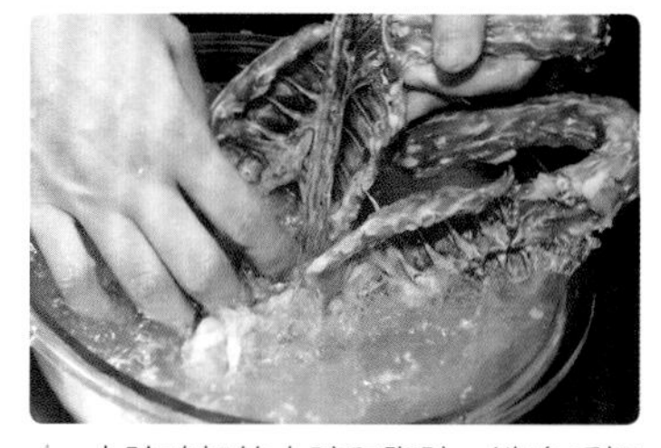

1 去除鸡架的内脏和脂肪，洗净后切大块。葱叶切大块。

2 在汤锅中加入水、鸡架、猪骨、葱叶和姜，大火煮沸，撇去杂质。

3 小火炖煮2小时，然后慢慢倒入垫好过滤纸的过滤网中过滤。

鸡清汤

将杂质和异味彻底去除的透明高汤。

材料（约1L）

鸡架高汤2L、鸡胸肉100g、猪腿肉100g、葱叶10g、姜5g

1 将鸡胸肉和猪腿肉切丁，葱叶切碎，姜切片。将以上材料放入锅中，用手搅拌至有黏性。

2 锅中倒入鸡架高汤，轻轻搅拌后开火加热，继续搅拌至沸腾。

3 沸腾后继续炖煮30分钟，然后慢慢倒入垫好过滤纸的过滤网中过滤。

黄油面酱的做法

黄油面酱是用面粉和黄油炒制而成，可以增加汤的浓度。制作白色黄油面酱的关键是火候，不可炒焦。制作褐色黄油面酱时，如果火候太大，会产生煳味，要特别注意。

白色黄油面酱

加入牛奶后可制成贝夏梅尔奶油酱

制作奶油炖菜等料理时用于勾芡。充分搅拌让面疙瘩消失，加入牛奶后制成贝夏梅尔奶油酱。

材料（约80g）
全麦面粉50g、黄油50g

1

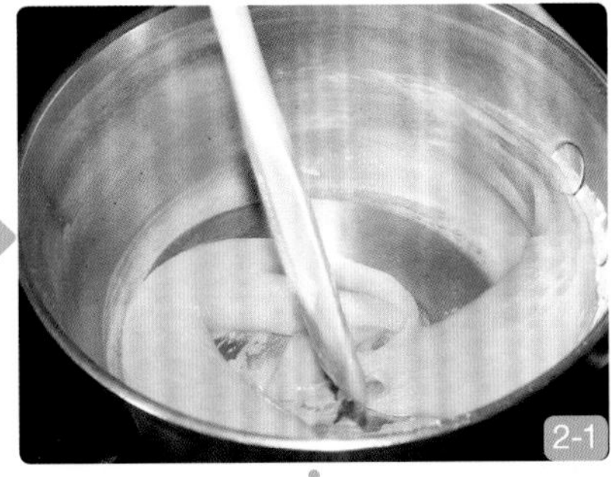

2-1

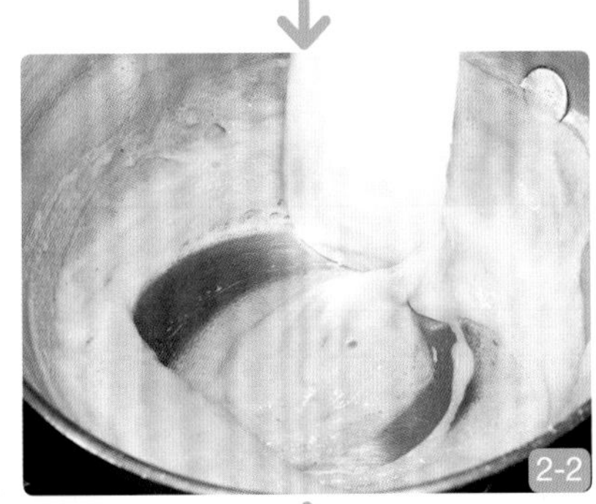

2-2

2-3

1 锅中倒入黄油，加热化开后关火，加入过筛的全麦面粉，用刮刀搅拌。

2 开小火，当黄油面酱开始起泡时继续搅拌两三分钟，用刮刀铲起面酱，面酱能慢慢流下来时关火。

黄油面酱保存

盛入密封容器，放入冰箱

黄油面酱可以冷藏保存一个月，冷却后放入加盖的密封容器即可。

褐色黄油面酱

只要注意火候，就能做出完美的褐色黄油面酱

用于制作牛肉炖菜等颜色较深的料理。只要颜色达到一定程度后，一边冷却一边搅拌，不用担心会炒煳。

材料（约80g）
全麦面粉50g、黄油50g

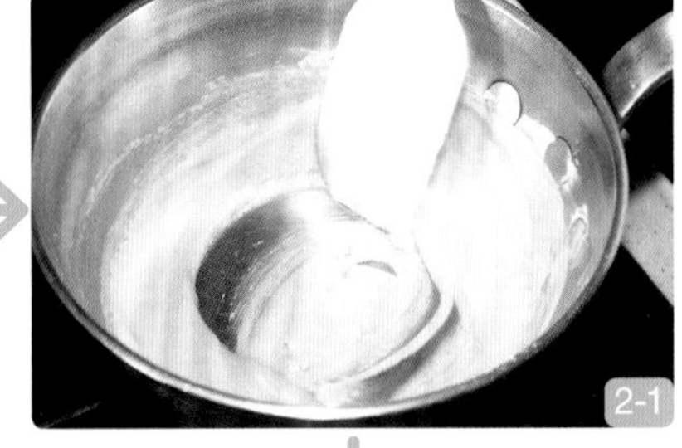

1 锅中倒入黄油，加热化开后放入过筛的全麦面粉，关火，用刮刀搅拌。

2 搅拌到一定程度后开中火，在黄油面酱起泡后继续搅拌。火太大容易炒煳或起疙瘩，要特别注意。

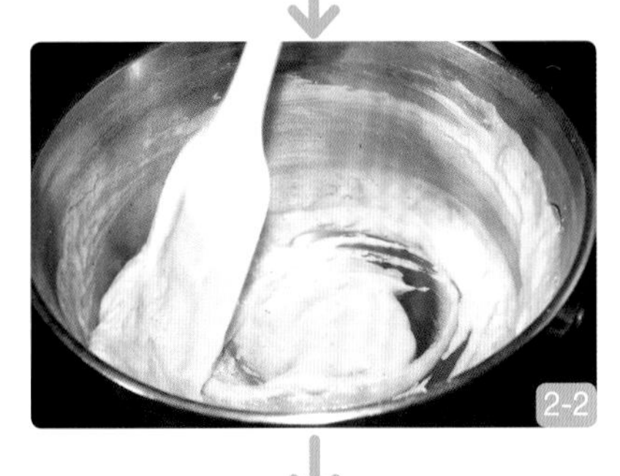

3 当黄油面酱失去黏性，变成褐色液体时关火。

2-3

注意黄油面酱的颜色！

错误！
不要将黄油面酱炒煳
炒煳的黄油面酱味道会变差，要特别注意加热的时间和火候。

为了使汤清澈，必须去除杂质

为了做出品质更好的汤，去除杂质的步骤不可缺少

无须过度在意，适当去除杂质即可

杂质的主要成分是草酸、单宁酸、生物碱等，这些物质是苦味、涩味的主要成因，因此，去除杂质是制作任何料理的最基本的步骤，特别是在制作高汤和肉汤时，为了做出品质更佳的汤，必须将汤中的杂质去除。

把锅放到火上开始加热时，杂质就已经产生了，这时如果开大火，杂质就会充满整个汤中，变得不易去除，汤就会变混浊。因此，要特别注意控制火候。杂质产生后要尽快用长柄勺耐心地将其去除。

但是，如果过于在意杂质，可能会产生反效果，适当去除杂质，不要把汤也撇除过多，这点非常重要。

去除杂质的窍门

1 当白色泡沫产生后，用长柄勺沿着锅边，从汤表面将其去除。

2 一只手端碗，对着盛出的泡沫吹气，将杂质吹走，这样做可避免浪费过多汤汁。

去除多余油脂

制作汤或高汤时，肉类食材中会炖煮出大量油脂，为了做出美味且不含杂质的汤，最好将油脂去除。

去除汤表面的油脂。

POINT

容易产生杂质的食材

- 胡萝卜
- 白萝卜
- 芋头
- 肉类
- 洋葱
- 牛蒡
- 鱼贝类
- 鸡架或骨头

根菜类和肉骨等较易产生杂质，要耐心去除。如果时间紧，可以用市场上销售的去除杂质专用滤纸，非常方便。

第二章

经典汤品

汤的发展史

汤的起源，以及汤在世界各地的发展历程

为了使发硬的面包重新变软，汤的历史开启了

汤最初是为了将发硬的面包吃掉而发明的一种方法，从公元前就开始在欧洲流行，汤这个叫法就是从这种料理方法中衍化出来的。11世纪到13世纪，汤从单纯的大杂烩发展成了把食材炖煮出的汤汁作为单独的一道料理来享用。随着15世纪大航海时代的到来，各种香草和香料在世界范围内流传开来，并与当地的食材搭配，诞生了各具本地特色的汤品。

17世纪，在上流社会家中出现了像清炖肉汤等汤汁清澈、精心炖煮而成的汤。这类汤最终成为高档餐厅里的美味，与家庭式的汤发展出不同的道路。

汤的年表

公元前1500～1600年

埃及人将家畜或野生鸟兽、蔬菜等混合做成大杂烩食用。

11~13世纪

随着十字军东征，各种香料进入欧洲，汤的口味得到了很大程度的增加。

18世纪至今

各地的汤作为传统的家庭味道固定下来。法国大革命后，贵族家庭中的私人厨师开始到外面经营餐厅，以前只有贵族才能享用的精心炖煮的汤品逐渐成为了餐厅里的美味。

日本汤的发展史

西式汤进入日本

日本的汤料理诞生于明治维新之后，在不断兴起的西餐厅中，汤最初是以“牛肉羹”的名字提供给客人的。19世纪80年代，某所女校中开设了西餐课程，汤逐渐在平民中流行开来。20世纪中期，市场开始销售罐装速食汤，随着速食汤以及用牛奶、鸡蛋等做成的成品汤的出现，汤成为了日本人餐桌上不可缺少的一道料理。

牛肉清汤

汤色清澈、香味浓郁

精致的法式汤

牛肉清汤

材料（2人份）
牛瘦肉（牛腿肉或牛臀肉）200g
洋葱1/3个（60g）
胡萝卜1/5根（30g）
西芹茎1/5根（20g）
番茄酱30g
蛋清2个（60g）
牛肉高汤900mL
香芹1根
百里香、月桂叶、粗盐、黑胡椒各适量
雪利酒适量

装饰
扁豆2根（10g）
胡萝卜10g

Point

在凝固的蛋清上插孔，用对流加热的方式炖煮。

用时
1小时30分钟

1 制作装饰汤料。扁豆去老筋、胡萝卜去皮，分别切成5mm见方的丁。

2 锅中倒水加热，水沸腾后加粗盐，将扁豆丁焯三四分钟，胡萝卜丁焯五六分钟，捞出后放在筛子上冷却。

3 牛瘦肉去除脂肪后切成5mm见方的小丁。洋葱、胡萝卜、西芹茎切薄片。百里香、月桂叶、香芹用手掰断。

4 将步骤3中的材料、粗盐、黑胡椒、番茄酱和蛋清放入锅中搅拌，当蛋清完全融合到其他材料中后，倒入牛肉高汤，大火加热。

5 用木铲不断搅拌至温度达到75℃。蛋清凝固后改小火，并在上面插出3个孔。

6 将汤保持在轻微沸腾的状态，炖煮约60分钟。在过滤网上铺过滤纸，用长柄勺慢慢将汤盛出并过滤。

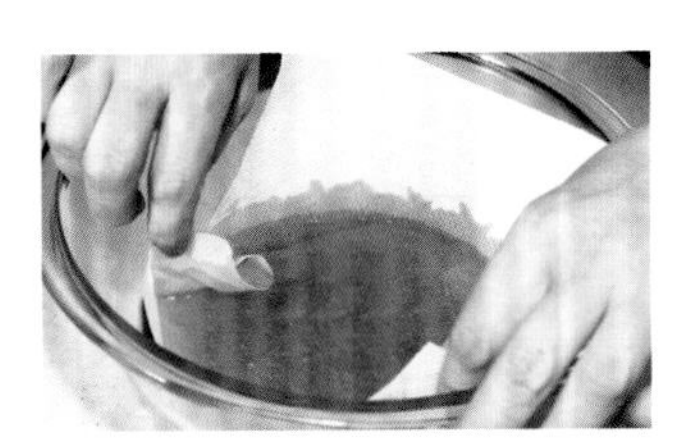

7 为了得到清澈的牛肉清汤，使用过滤纸将浮在表面的油脂吸除干净。
长柄勺上不要有油。

8 将过滤好的牛肉清汤倒入锅中保温，加入黑胡椒粉调味后倒入容器中，放入步骤2做好的装饰汤料，根据个人喜好加入雪利酒。

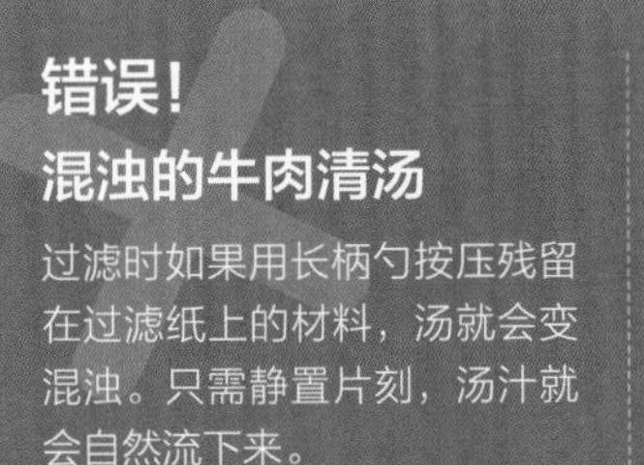

错误！
混浊的牛肉清汤

过滤时如果用长柄勺按压残留在过滤纸上的材料，汤就会变混浊。只需静置片刻，汤汁就会自然流下来。

不要用长柄勺用力按压。

材料（2人份）

牛肉清汤的汤渣 P26中剩余的量

鸡肉丸

去皮鸡胸肉100g

蛋清10g

鲜奶油50mL

盐、黑胡椒各适量

Point

鸡肉丸一定要煮熟。

用时 1小时30分钟

变化

鸡肉丸牛肉清汤

带有鸡肉味的牛肉清汤

1 二次制作牛肉清汤。将P26中过滤后剩下的汤渣放入锅中，倒水，没过汤渣，加热至沸腾后用小火炖煮15分钟。

2 在过滤网上铺好过滤纸，将步骤1中的汤慢慢盛出并过滤。

3 制作鸡肉丸。去除鸡胸肉中的筋，切成2cm见方的丁，放入搅拌器中，加入盐和黑胡椒，搅拌。

4 将蛋清和鲜奶油分两三次放入鸡肉泥中，每次放入后都要继续搅拌均匀。

5 用两把汤勺将搅拌好的鸡肉泥做成橄榄球形状的肉丸。肉丸成形前，肉泥要在两把勺子之间移动五六次。

6 将过滤好的牛肉清汤加热，放入鸡肉丸，煮熟后盛出。鸡肉丸熟之前要不断搅拌，汤沸腾后再煮3分钟左右即可。

专栏1

完美的汤——清炖肉汤变成琥珀色的过程

成功制作出看似简单却很难操作的清炖肉汤

放入肉和蛋清时

蛋清还未凝固，汤还是混浊的状态。

70℃时

开始产生杂质，蛋清仍未凝固。

75℃之前

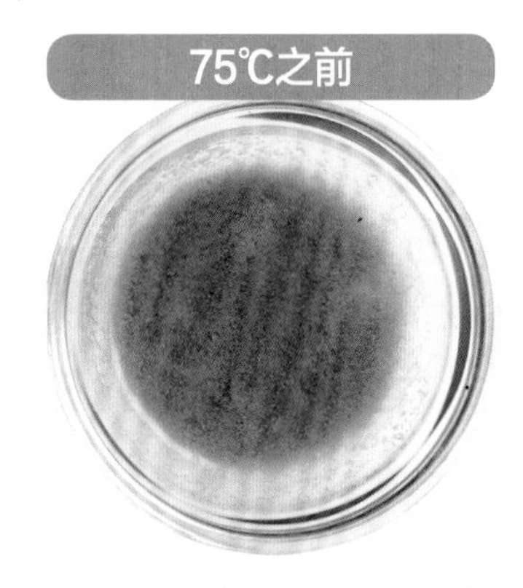

蛋清开始逐渐凝固，汤变得更加混浊。

100℃时

蛋清凝固，产生较多杂质。

100℃保持8分钟

杂质聚集到蛋清中，汤逐渐变得清澈。

完成

最后汤变成琥珀色。

制作出完美的清炖肉汤的秘诀

清炖肉汤用料简单，做法看似也不复杂，但是，如果想要做出完美的汤，还需要熟练掌握制作技巧。清炖肉汤是把肉、蔬菜和蛋清放入肉汤中，在微微沸腾的状态下炖煮，杂质和油脂被蛋清吸收，再过滤，很费工夫。

制作清炖肉汤最重要的是要不断观察温度变化时汤的变化，此外，将肉、蔬菜、蛋清放入肉汤后，要边搅拌边等蛋清凝固。但是，如果在蛋清凝固后仍然搅拌，汤就会变混浊，这一点要特别注意。

过滤时要缓慢，只有做好过滤这个步骤，才能制作出清澈的琥珀色清炖肉汤。

普罗旺斯鱼汤

法国南部地区渔民创造的
滋味十足的家庭美味

普罗旺斯鱼汤

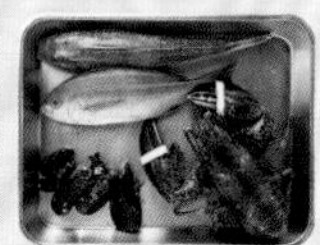
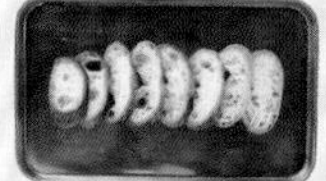

材料（2人份）

龙虾1只（500g）
鲂鮄1条（200g）
石鲈1条（180g）
贻贝4个（120g）
洋葱1/2个（100g）
胡萝卜1/6根（30g）
茴香或西芹茎1/5根（30g）
大葱1/2根（30g）
番茄1个（200g）
鱼高汤2杯（400mL）
鸡高汤2杯（400mL）
茴芹酒20mL
白葡萄酒80mL
番茄酱20g
藏红花1/3小勺
蒜1/2瓣（5g）
橄榄油1½大勺
黄油5g
百里香、月桂叶、盐、黑胡椒各适量

大蒜辣椒酱

煮熟的土豆1/5个（30g）
焯水的红椒15g
法式海鲜汤50mL
橄榄油20mL
蒜、卡宴辣椒粉各少量

装饰

长面包4片（厚8mm）
蒜、橄榄油各适量
茴香叶少量

Point

将鱼贝类提前准备好。

用时
1小时20分钟

石鲈预处理

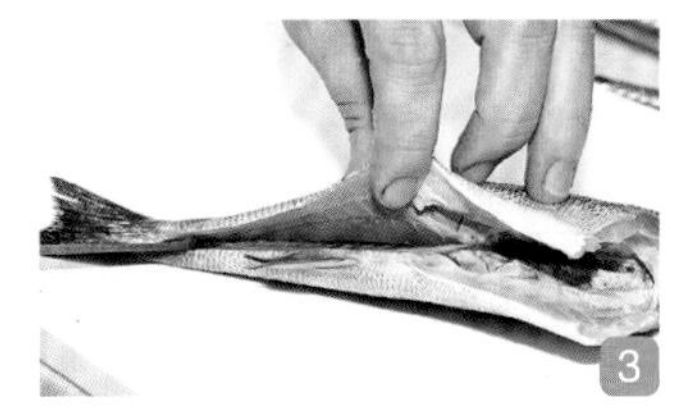

1 去除鳞、胸部和腹部的鳍。
2 翻面，去除鳞和鱼头。
3 从鱼腹下刀，沿着鱼骨上方将鱼身切开。
4 再从鱼背下刀，同样沿鱼骨上方切开。
5 将鱼骨剔除，小刺用镊子去除，将鱼片成3片。

鲂鮄预处理

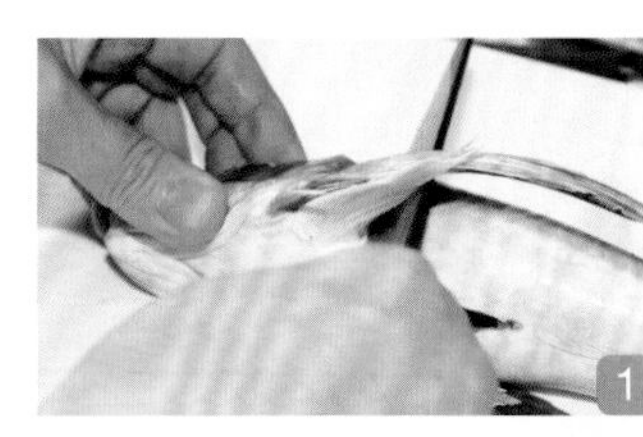
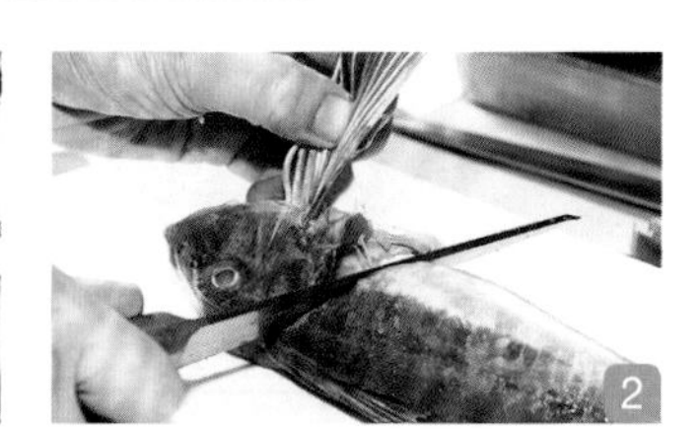
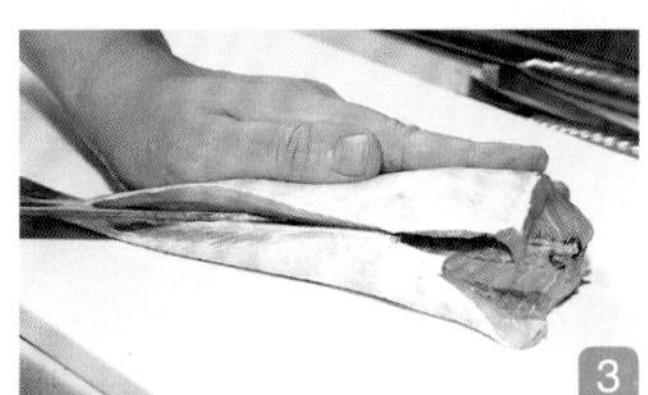

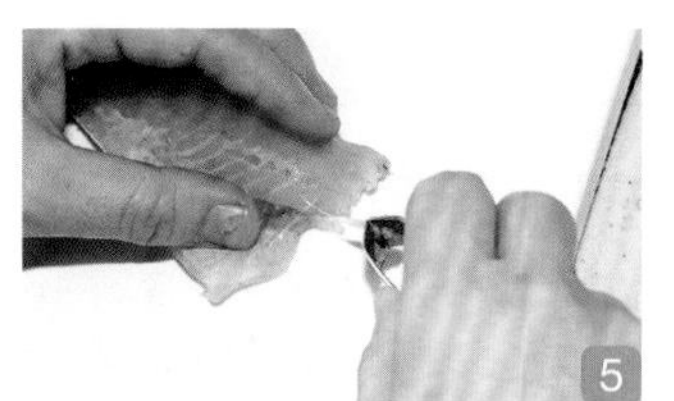

1 去除鳞、胸部和腹部的鳍。
2 翻面，去除鳞和鱼头。
3 从鱼腹下刀，沿着鱼骨上方将鱼身切开。
4 再从鱼背下刀，同样沿鱼骨上方切开。
5 小刺用镊子去除，将鱼片成3片。

龙虾预处理

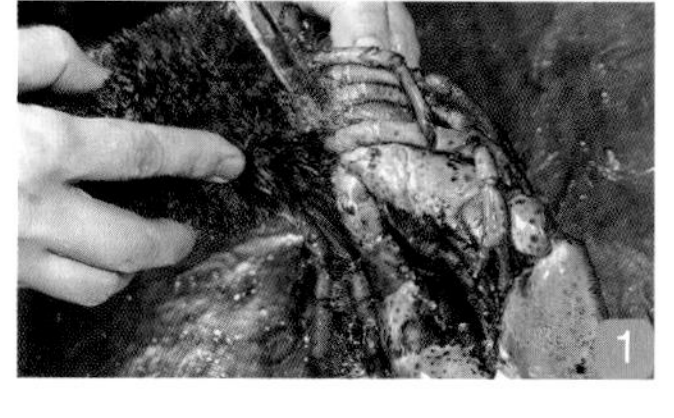

1 用刷子将龙虾在流水下刷洗干净。特别是腹部和腿根部。
2 将刀插入龙虾头中间，把头切成两半。
3 用刀将龙虾尾也切成两半。
4 去除龙虾胃。
5 去除肠子。将龙虾切成两半后再去除。

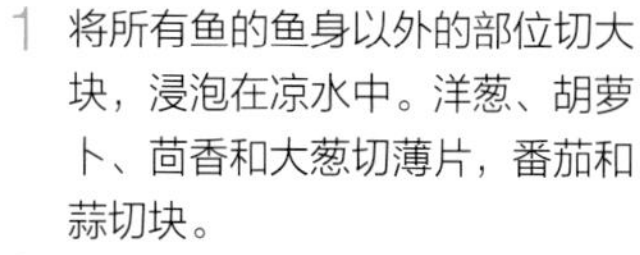
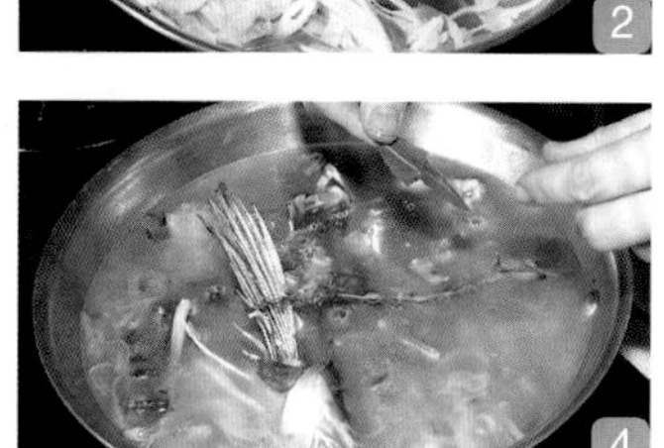

1 将所有鱼的鱼身以外的部位切大块，浸泡在凉水中。洋葱、胡萝卜、茴香和大葱切薄片，番茄和蒜切块。
2 锅中放入1勺橄榄油和黄油，加热后放入蒜块炒出香味，然后放入步骤1中除番茄外的所有蔬菜翻炒。
3 将鱼块放入锅中翻炒。
4 放入茴芹酒、白葡萄酒、番茄、番茄酱、鱼高汤和鸡高汤，加入百里香和月桂叶炖煮。

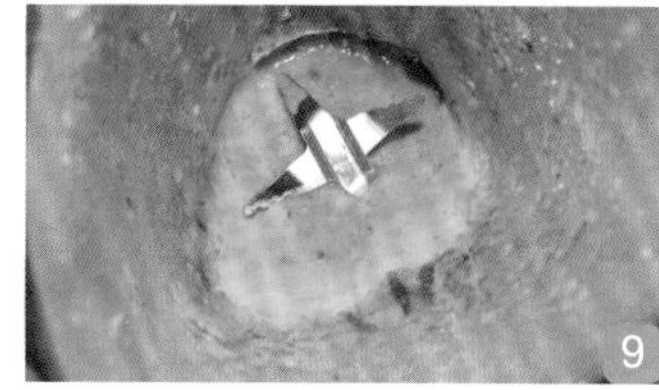
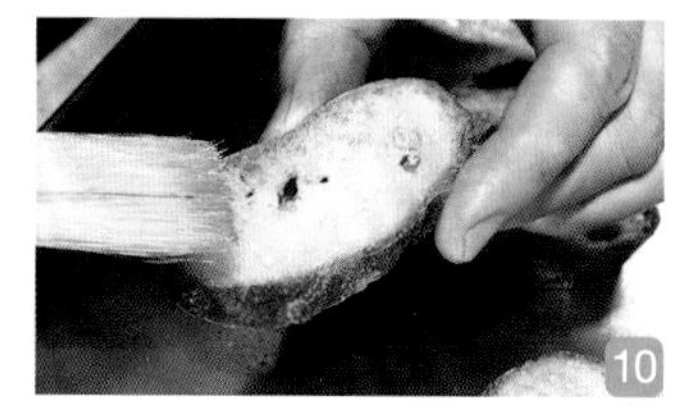

5 汤沸腾后加入经过煎炒并碾成粉末的藏红花（去除苦味），再炖煮约20分钟。
6 将所有鱼的鱼身切块，与龙虾一起放在盘中，撒盐和黑胡椒，淋剩余橄榄油。
7 大火煎鱼，然后将洗净并去掉足丝的贻贝和龙虾放入锅中一起煎烤。
8 鱼烤熟后，改小火，倒入步骤5中过滤后的汤汁，然后将鱼块盛入盘中，加入茴香叶。
9 制作大蒜辣椒酱。将所有材料和盐、黑胡椒粉放入搅拌器搅拌。
10 在长面包上涂抹蒜和橄榄油，然后烘烤片刻，将烤好的面包片和大蒜辣椒酱放在鱼块上即可。

专栏2

法国马赛的骄傲——普罗旺斯鱼汤宪章

普罗旺斯鱼汤里不许加贻贝？什么是真正的普罗旺斯鱼汤？

规定1

使用的鱼类仅限地中海出产

禁止使用贻贝或龙虾等甲壳类或贝类食材，仅可使用地中海出产的鱼类，如鲂鮄、菖鲉、海鲂。

规定2

制作高汤的鱼也有限制

鱼汤里用到的高汤只能用小鱼，鱼的种类也有限定。

规定3

应在短时间内制作完成

法语普罗旺斯鱼汤Bouillabaisse由炖煮（bouill）和关火（abaisse）组合而成，最重要的就是要快速制作完成。

规定4

在顾客面前盛出装盘

普罗旺斯鱼汤在餐厅中是前菜，规定要在顾客面前盛盘。

关系到当地人自尊心的规定

普罗旺斯鱼汤是将鱼贝类慢慢熬煮，让人感觉很高级的一款汤。事实上，正宗的普罗旺斯鱼汤做法完全不同。

普罗旺斯鱼汤本是法国南部马赛地区的渔民将没卖出去的小鱼炖煮而成的家庭料理，不知从何时开始，与正宗制法大相径庭的做法流行开来。因此，当地厨师决定要守护普罗旺斯鱼汤的传统做法，这就是“普罗旺斯鱼汤宪章”。宪章中对使用的鱼类以及吃法都做了非常详细的规定。

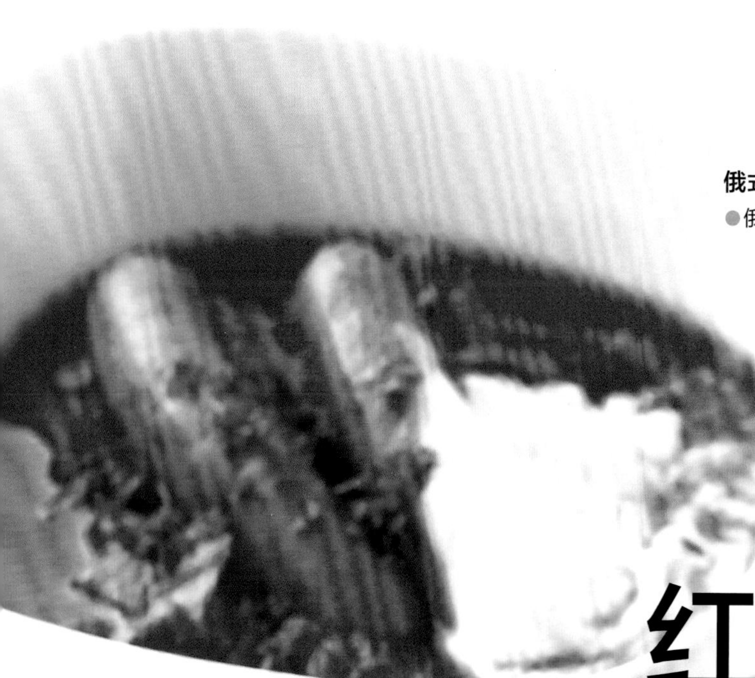

俄式红菜汤（P34）

●俄罗斯●

红菜汤2款

长时间炖煮而成，
酸甜的甜菜是味道关键所在

乌克兰红菜汤（P35）

●乌克兰●

俄式红菜汤

材料（2人份）

牛肉（牛肩肉或牛排等）300g
洋葱3/4个（150g）
Ⓐ 胡萝卜1/2根（100g）
Ⓐ 土豆1个（150g）
Ⓐ 甜菜（或罐装）1个（180g）
圆白菜2片（120g）
番茄1个（150g）
鸡高汤1L
蒜1/2瓣（5g）
百里香、月桂叶、粗盐、黑胡椒、色拉油各适量

装饰

酸奶油4大勺
香芹少许

※ 如用罐头甜菜，要在步骤8时和番茄一起加入。

Point

汤和配料要在不同锅中制作。

用时 3小时20分钟

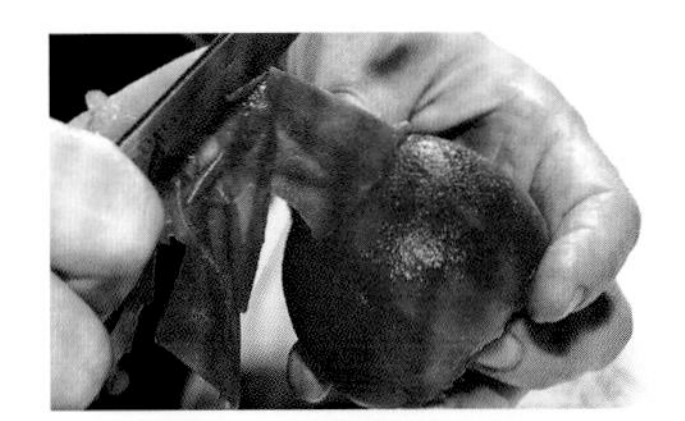

1 番茄去蒂，放入沸水中烫几秒钟，捞出后放入凉水中，用刀去皮。

2 将香芹切碎。切之前要将水擦干。

3 去除牛肉中多余的脂肪和筋，切成4cm见方的块。蒜去芽后压碎。

4 圆白菜去心，切5cm长的块，洋葱、番茄和材料Ⓐ中的蔬菜切半月牙形，并切掉棱角。

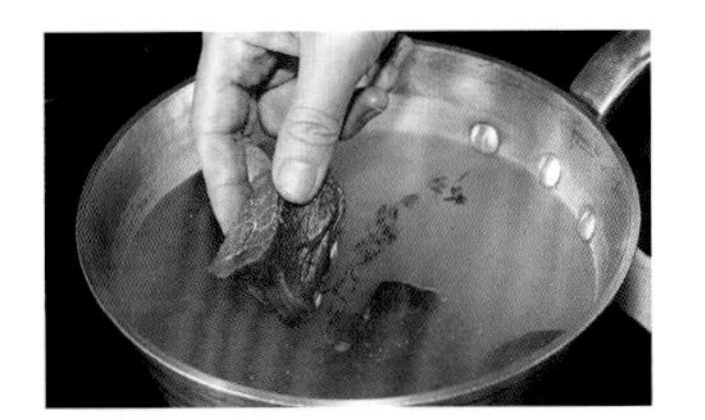

5 将鸡高汤、牛肉块、月桂叶、百里香、粗盐和黑胡椒放入锅中，大火煮沸，然后用小火炖煮2小时。

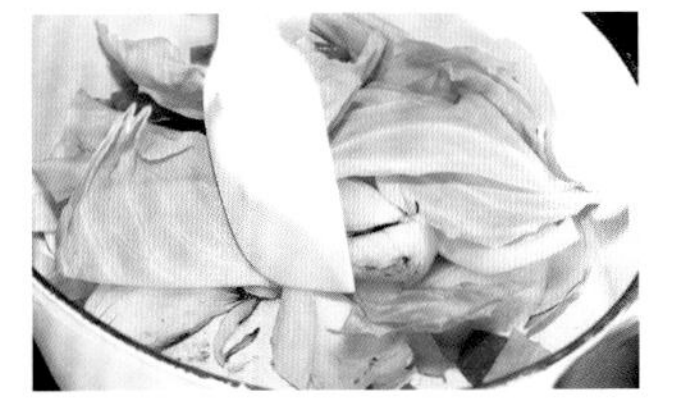

6 在另一锅中放入色拉油和蒜碎，炒出香味后放入胡萝卜、洋葱翻炒，然后加入圆白菜和土豆继续翻炒。

7 将甜菜放入步骤5的锅中，继续炖煮1小时后，将牛肉块和甜菜捞出，放入步骤6的锅中，汤汁过滤后也倒入其中。

8 将番茄放入锅中，所有食材煮熟后盛出，淋酸奶油，撒香芹碎即可。

Point

如何防止蔬菜被煮烂?

在炖煮过程中，蔬菜间会相互碰撞，所以要将蔬菜的棱角去掉。削皮时要纵向削，而且要削得厚一点儿。

甜菜中含有色素，要最后再处理。

乌克兰红菜汤

材料（2人份）
火腿2片（40g）
香肠4根（60g）
洋葱1/3个（60g）
胡萝卜1/5根（30g）
西芹1/6根（15g）
土豆1/3个（50g）
甜菜（或罐装）3/5个（100g）
圆白菜2/3片（40g）
番茄1个（150g）
鸡高汤4杯（800mL）
蒜1/2瓣（5g）
红酒醋1大勺
黄油15g
盐、黑胡椒各适量

装饰
酸奶油4大勺
香芹少许

Point

蔬菜要切成大小均匀的块。

用时
45分钟

1 用擦菜器将甜菜擦丝，再改刀成5mm厚的条。

2 番茄去皮后纵切成两半，去子，切成5mm厚的条。为了装盘时美观，大小应和甜菜条一致。

3 将胡萝卜、西芹去筋、去皮后，切成和甜菜一样大小的条，土豆、圆白菜、火腿、洋葱也同样切条。

4 锅中加入黄油后加热，将蒜切碎后放入锅中炒出香味，小火翻炒洋葱、西芹、胡萝卜和甜菜条。

5 加入火腿、土豆、圆白菜条，翻炒并搅拌均匀。所有食材变软后倒入红酒醋。

6 加入鸡高汤、盐和黑胡椒，中火炖煮30分钟。杂质出现后不要马上去除，可稍等片刻。

7 将杂质聚集到一起，一次将其清除。只需将杂质吹去，剩余的汤倒回锅中。

8 将番茄和香肠放入锅中，加热片刻即可盛出。撒黑胡椒，将香芹切碎作装饰，淋入酸奶油即可。

错误！
过度加热会破坏食材形状

如果蔬菜炒至变形，就会破坏口感，外形也不美观。注意翻炒时间一定要短。

不要用铲子使劲搅拌。

专栏3

熟练掌握制作美味炖汤的秘诀

如何制作出食材不烂却滋味浓郁的汤?

秘诀1

去掉蔬菜的棱角

制作炖煮料理的基本技巧

将切成圆形或方形的蔬菜去掉棱角，可以防止蔬菜炖烂，影响美观。切掉的部分可以切碎后制作酱汁，避免浪费。

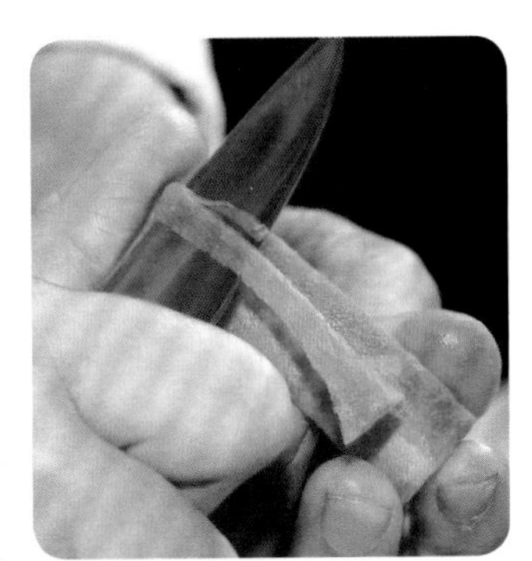

类似法式料理中的“切成城堡形状”，棱角周边也去除干净。

秘诀2

使用双层锅盖，防止蒸发

做好后量不会减少

汤经过长时间熬煮，水分会大量蒸发。先盖一个小锅盖，再盖上大锅盖，能有效防止水分蒸发。

可以将烘焙纸剪成锅盖的形状，作为小锅盖使用。

秘诀3

蔬菜煮熟后马上关火

不要把蔬菜煮得过于软烂

蔬菜熟后如果继续炖煮，就会变得过于软烂，口感会变差。蔬菜煮熟后立刻关火，用余温继续保温即可。

蔬菜如果事先炒一下，就不容易煮烂。

要事先做好准备，并注意火候

炖汤较难操作，容易失败，介绍几个制作炖汤的小技巧。首先是锅，推荐使用搪瓷、不锈钢或陶瓷等质地较厚的锅；蔬菜要削去棱角；肥肉容易产生杂质，要剔除干净；鱼类要先用盐腌制一会儿，将渗出的有腥臭味的汁水擦净后再制作，汤就不会产生腥味；炖煮时不可用大火，小火让汤微微沸腾即可，只有小火慢炖，香味才会充分渗透出来。

用压力锅制作会更方便

如果使用压力锅炖煮，只需十分之一的时间即可完成，节约了等待的时间。如果使用无水锅会更方便。

玉米浓汤

玉米粒的口感和奶油的香气充分融合，
美味不可言喻

玉米浓汤

材料（2人份）
罐装玉米粒250g
洋葱2/5个（75g）
大葱葱白1/5根（20g）
鸡精2/3小勺
牛奶2杯（400mL）
鲜奶油2大勺（30mL）
黄油10g
盐、黑胡椒各适量

装饰
鲜奶油2小勺
香芹少许

Point

做好的汤要迅速冷却。

用时
20分钟

1 洋葱和大葱葱白切成3mm左右的薄片。香芹去筋，切碎。

2 黄油放入锅中，大火加热，加入洋葱、葱白和盐翻炒。黄油如果放少了容易煳锅，要特别注意。

3 洋葱和葱白炒软后加入玉米粒翻炒。

4 加入牛奶、鸡精、盐和黑胡椒，搅拌均匀，炖煮10分钟左右。

5 将锅放入冷水盆中冷却，使其迅速降温变凉。如果汤过热时倒入搅拌机，会损坏机器。

6 取出2杯左右的玉米粒，留作装饰用。

7 将步骤5中冷却的汤倒入搅拌机，搅拌至完全见不到玉米粒和蔬菜块，然后过滤。

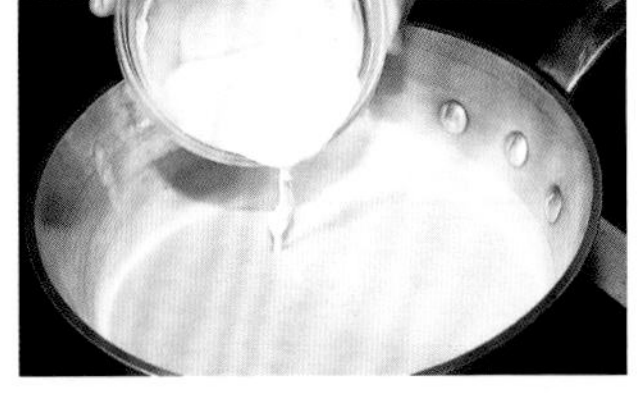

8 将过滤后的汤汁倒入锅中，小火加热，加入鲜奶油，搅拌均匀。盛出后加入步骤6的玉米粒和装饰用鲜奶油，撒香芹碎即可。

错误！
汤汁残留在过滤网上

残留在过滤网上的汤汁要用刮刀进一步按压过滤。如果用网眼较小的漏斗过滤，汤的浓度就会降低，因此要使用过滤网。

这种状态的汤汁仍然可以继续按压，过滤出汤汁。

材料（2人份）
玉米浓汤500mL
鸡胸肉2块（100g）
小洋葱4个（160g）
小胡萝卜2根（40g）
玉米笋2根（15g）
土豆1个（80g）
抱子甘蓝2个（15g）
黄油10g
盐、黑胡椒各适量

Point
利用汤的余温将鸡胸肉煮熟。

变化

玉米浓汤炖菜

味道浓郁、口感丰富的炖菜

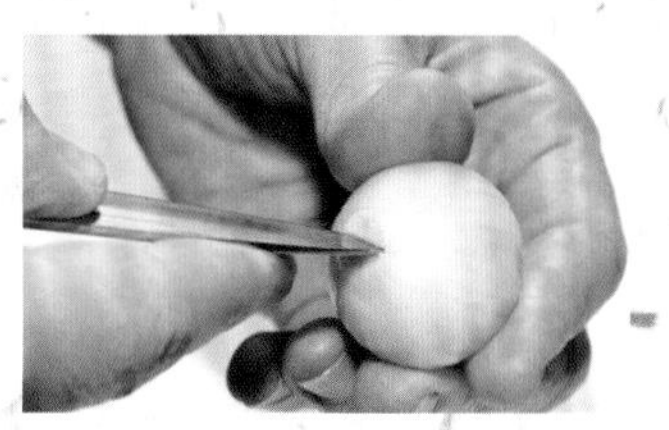

1 小洋葱去皮。在中间切十字刀，更容易进味。

2 小胡萝卜去皮，纵向切成两半。锅中加入黄油加热，放入小洋葱和小胡萝卜，用中火翻炒。

3 放入抱子甘蓝，纵向切成两半的玉米笋和切成1cm长的土豆条，翻炒至上色。

4 倒入玉米浓汤和适量水，盖上锅盖，小火炖煮15分钟，直至蔬菜可以用竹签轻松扎透。

5 鸡胸肉切成1cm宽的条，在表面切小口，撒盐和黑胡椒，放入锅中。

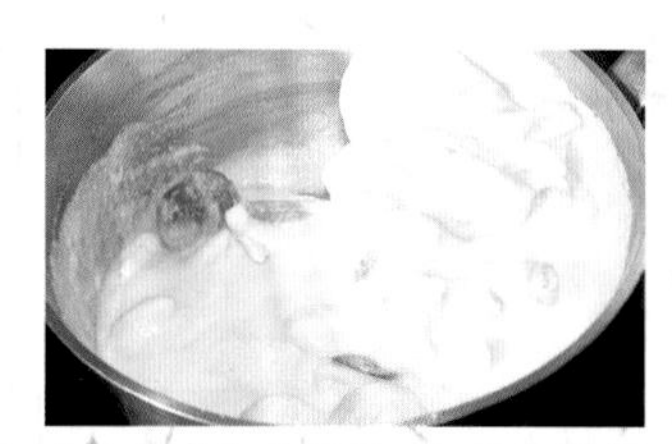

6 小火将鸡胸肉煮熟，加盐和黑胡椒调味。装盘前将抱子甘蓝切成两半。

专栏4

即食玉米汤加工后会更美味

并不是仅添加开水这么简单，即食玉米汤简单加工后会更美味

方法1
添加其他食材

加入培根和洋葱

将培根切丝，洋葱切薄片，用黄油翻炒。炒好后放入即食玉米汤中，加入开水，搅拌均匀。

加入意大利面和蔬菜

将蝴蝶结面等短意大利面煮好后放入即食玉米汤中，再放入用微波炉或用肉汤煮熟的蔬菜。

加入鸡蛋

在锅中加入玉米汤粉和适量开水，小火煮开。慢慢将鸡蛋液倒入汤中，30秒后轻轻搅匀。

方法2
加入其他料理中

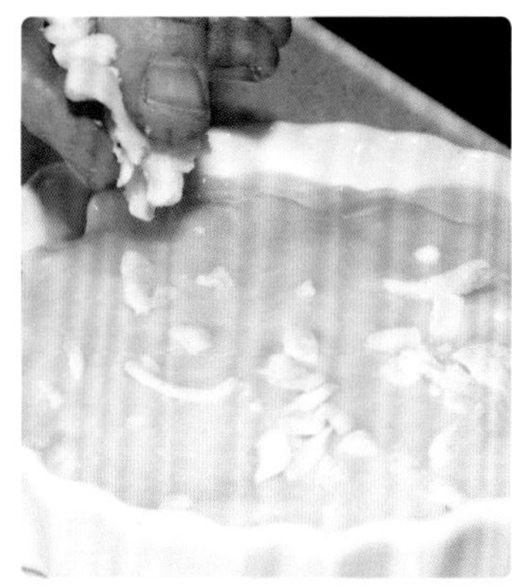

加入土豆泥奶汁烤菜中

将土豆泥奶汁烤菜放入烤盘中，倒入加入适量开水的玉米汤，表面撒上奶酪和火腿，放入烤箱，200℃烤制。

加入炒饭中

煎锅中倒油，倒入米饭翻炒。加入切成5mm长的葱段、培根和莴苣继续翻炒，加入玉米汤粉，倒入少量水，使粉末溶解。

稍作加工，玉米汤就能变换更多吃法

玉米汤是即食汤的典型代表，在即食汤中加入一两种食材，就会变得更加美味。例如，将蔬菜或培根用黄油炒熟，加入玉米汤中，就能做出散发黄油香气、风格独特的玉米汤。还可以按照喜好加入意大利面、煮熟的蔬菜或油炸面包块等配料，做出更具新意的玉米汤。

还可将即食玉米汤加入到其他料理当中。用少许开水将玉米汤粉溶化，当作白酱加入米饭或意大利粉中。如果和米饭一起炒制，也是炒饭时非常重要的原料之一。

洋葱汤

起源于法国，耐心地将洋葱炒出甜味和香气

洋葱汤

材料（2人份）

洋葱2个（400g）
鸡高汤450mL
蒜1/3瓣（3g）
盐、黑胡椒、色拉油各适量

大蒜吐司

长面包（厚8mm）4片
蒜适量

装饰

格吕耶尔奶酪35g

Point

将洋葱炒出焦红色。

用时
60分钟

1 制作大蒜吐司。用烤箱将长面包片烤出轻微的焦黄色。

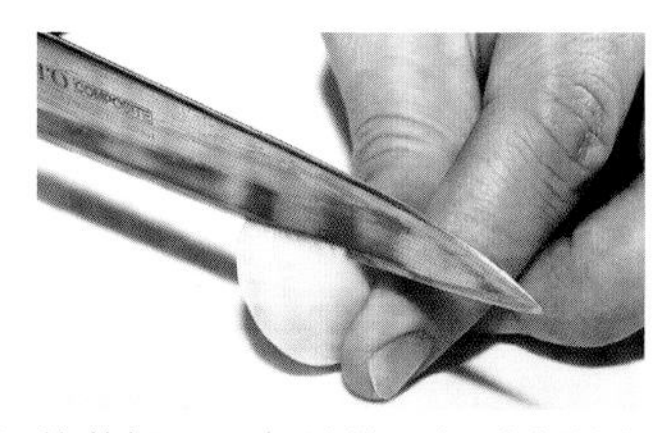

2 将蒜切开。涂抹面包时会溢出香气。

3 用蒜涂抹烤好的面包片两面。当蒜汁不多时，可以将蒜切出新的切面，然后继续涂抹。

4 将奶酪擦成碎。

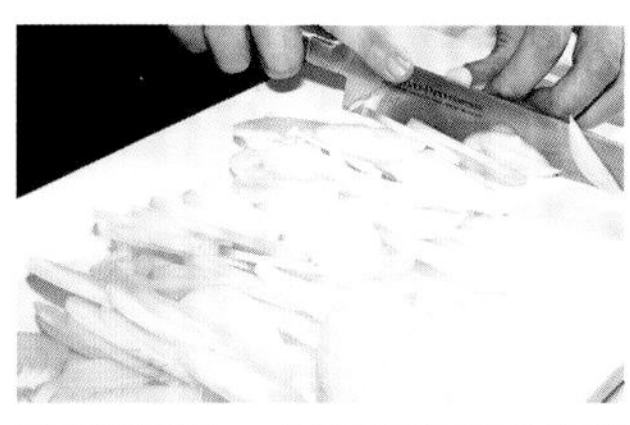

5 洋葱切薄片。平行洋葱纤维下刀切，煮的时候不容易烂掉。

6 用菜刀将蒜拍碎，然后切成末。

7 煎锅中倒入色拉油，加热后放入洋葱片和盐，大火翻炒。洋葱变软后加入蒜末。当锅底的洋葱变成金黄色后，加入适量水，以防煳锅。

8　水分蒸发后，洋葱的颜色变深，调中火，再次加水，将粘在锅底的洋葱铲起来，搅拌，注意火候。重复几次，将洋葱炒至图中的焦红色，此过程需要15分钟。

9　锅中倒入鸡高汤，用铲子将粘在锅上的洋葱铲起，加入盐和黑胡椒调味。

10　煮大约10分钟后开始产生杂质，用长柄勺舀起汤汁，吹去杂质即可。

11　炖煮至图中只剩少许水分的状态。

12　将汤盛入耐热容器中，放入大蒜吐司。

13　在吐司上撒奶酪碎。

14　将容器放入烤箱，250℃烤制约10分钟。表面刚烤成焦黄色时即可端出。

错误！

没炒出漂亮的焦红色

炒洋葱时，如果立即搅拌则不容易上色。要将洋葱一边按压一边慢慢翻炒出颜色。炒洋葱并不仅仅为了上色，更是为了炒出洋葱浓郁且甘甜的味道。

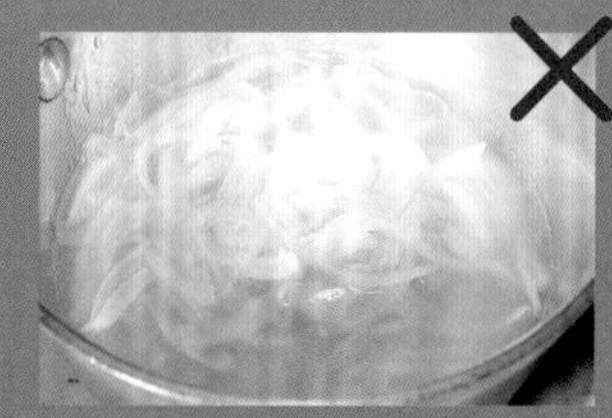

如果没有上色，看上去也不会好吃。

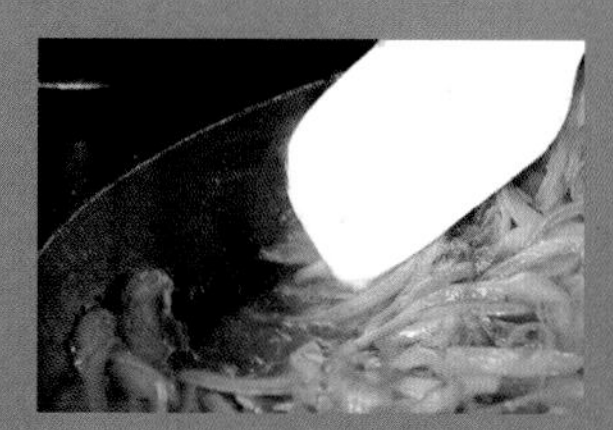

如果水加得过多，颜色就会比较浅。

错误！

大蒜吐司被汤浸泡

汤太多是导致吐司被浸泡的原因，鸡高汤的用量要适当，而且要炖到汤汁变少，这一点非常重要。

炖煮时间不够，汤就会过多。

专栏5

西式汤的分类

在西餐的发源地法国，汤可以分为3种

3种汤的类型

肉汤•清汤

以清汤为基础，汤色透明的汤

在清汤里加入肉、鱼或蔬菜，增加浓度和香味的肉汤。蛋清可以吸收杂质和油脂，可用其制作透明的汤。也可将肉汤中的明胶成分冷却，凝固后做成鱼冻一样的冻状汤。

代表汤品

清炖肉汤
冷肉汤
肉汤冻

肉汤•浓汤

以清汤为基础，经过勾芡的汤

在清汤中加入黄油面酱或蔬菜，再用低筋面粉勾芡的汤。可以使用黄油面酱、鲜奶油或蛋黄和鲜奶油勾芡。

代表汤品

浓汤
奶油炖菜
虾酱浓汤
杂烩海鲜浓汤

肉汤•特殊

加入较多蔬菜或肉的汤

将肉、鱼、蔬菜等炖煮而成的汤。可以不使用清汤作汤底。有将蔬菜切成丝炖煮而成的菜丝汤，还有将食材切成大块，炖煮而成的浓味蔬菜炖肉汤。

代表汤品

浓味蔬菜炖肉汤
洋葱汤
西班牙冷汤
俄式红菜汤

法语“potage”一词原指所有的汤

“bouillon和consomme指的是同一物”“potage是经过勾芡的汤”这是大多数人对这几个词汇的普遍想法，但从严格意义上讲，这两种观点是错误的。

Bouillon指的是做汤时所用的高汤，而consomme是在bouillon的基础上制作而成的汤。Potage原本是从法语中“锅”这个词演变而来的，是全部汤的意思，consomme soup和potaufeu都是potage的一种。

在法式料理中，potage分成3种：①以bouillon为基础的透明汤；②将bouillon和煮软的蔬菜过滤后得到的汤，以及用鲜奶油或牛奶将bouillon稀释后得到的汤；③前两者以外的汤都被称为potage。

炖牛舌

将牛舌炖煮到入口即化的程度

炖牛舌

材料（2人份）

带皮牛舌500g
洋葱1/2个（100g）
胡萝卜1/2根（60g）
西芹1/3根（30g）
牛肉高汤3杯（600mL）
红葡萄酒90mL
法式多蜜酱汁1/4杯（180g）
蒜1/2瓣（5g）
百里香1/2枝
月桂叶1片
黄油15g
盐、黑胡椒、色拉油各适量

装饰

胡萝卜1/3根（30g）
芜菁1/2个（50g）
抱子甘蓝2个（15g）
鲜奶油1大勺

Point

将牛舌上的皮去除干净。

用时 6小时

1 将装饰用的胡萝卜纵向切成4份，将棱角削掉。

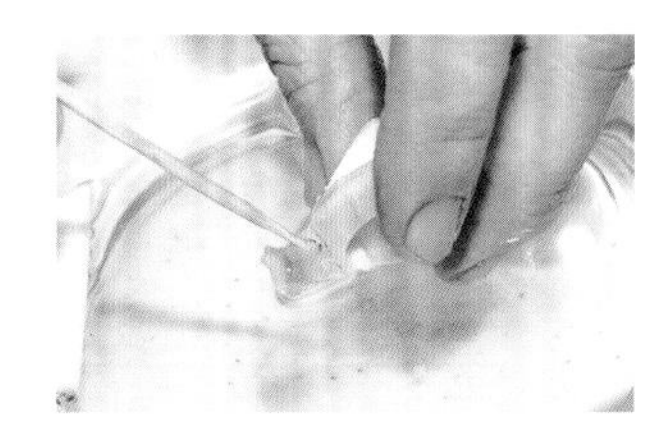

2 将芜菁纵向切成4份，去皮，浸泡在水中，用竹签将缝隙中的杂质去除干净。抱子甘蓝纵向切成两半。

3 将洋葱、胡萝卜、西芹切成1cm见方的块。蒜去心后切碎。

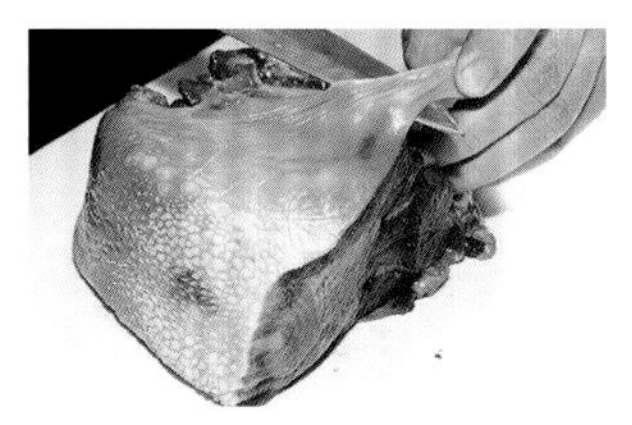

4 将牛舌放入盛有水的锅中洗净并擦干水分，用刀小心将皮剥下。注意不要切下肉。

5 将牛舌上残留的皮和筋剔除干净，撒盐和黑胡椒。将盐和黑胡椒涂抹均匀。

6 在煎锅中放入黄油和色拉油，大火煎烤牛舌，当一面变成焦黄色后翻面，将每面都煎烤上色。

7 牛舌煎好后取出，在煎锅中放入步骤3中处理好的材料翻炒，边翻炒边加水，炒至食材上色。

8 倒入红葡萄酒，搅拌后将所有食材倒入炖锅。

9 放入牛舌、法式多蜜酱汁和牛肉高汤，开大火，放入百里香和月桂叶。

10 汤沸腾后撇出杂质。将杂质吹去即可，汤汁倒回锅中。

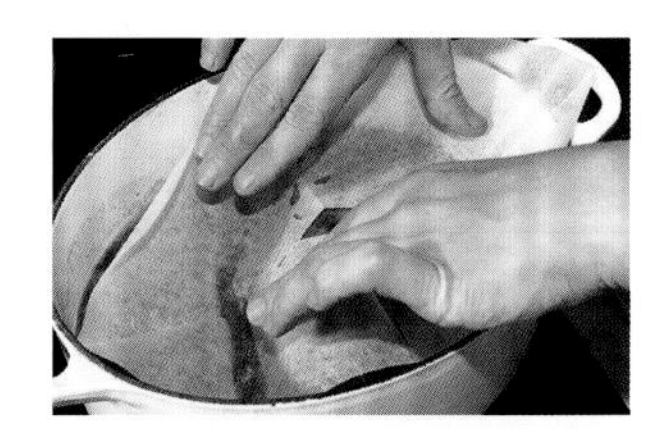

11 用烘焙纸剪出一个与炖锅大小合适的盖子，盖在汤面上，再盖上锅盖，将炖锅放入烤箱，160℃烤制4.5小时。中途如果汤汁变少，可适当加水。

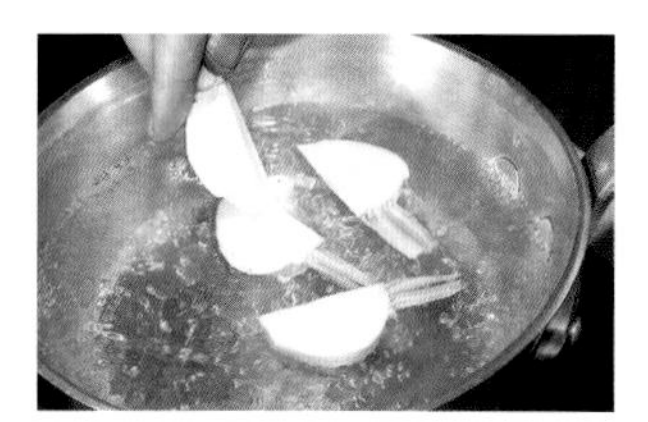

12 将步骤1中的胡萝卜在盐水中煮6分钟。将步骤2中的抱子甘蓝和芜菁在盐水中煮3分钟，捞出后冷却。

13 当牛舌可以用竹签轻松扎透时，将其盛出。

14 将步骤11中的纸锅盖盖在牛舌上，防止变干。

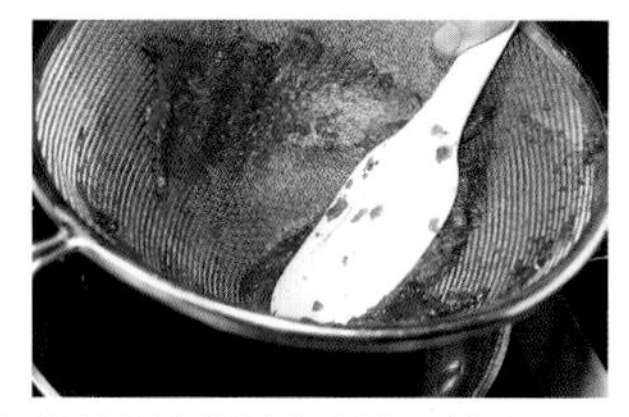

15 将炖锅中的油脂去除，然后用漏斗或过滤网过滤汤汁，用刮刀按压，充分过滤。

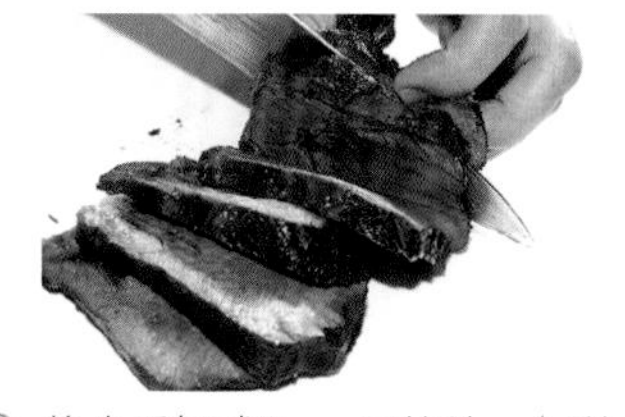

16 将牛舌切成8mm厚的片。从正上方下刀，慢慢切开。

17 牛舌放入过滤后的汤汁中，利用汤汁的余温加热牛舌。

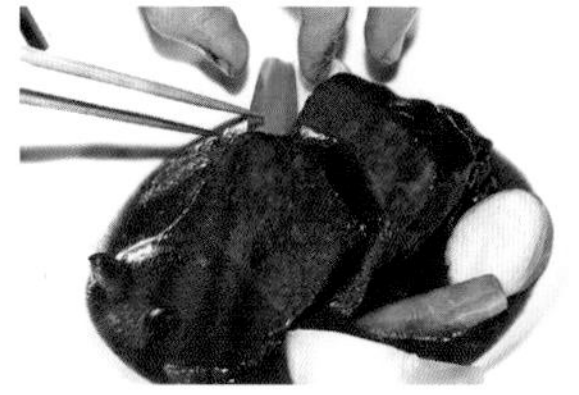

18 将牛舌盛盘，浇上汤汁，将步骤12中的配菜摆在周围，淋鲜奶油即可。

Point

将切片的牛舌用汤汁回温

将切片的牛舌利用汤汁再次加热，使其充分吸收汤汁中的滋味。牛舌充分入味后味道更加美妙。

将牛舌迅速放入汤汁中蘸一下即可。

煮过的牛舌如何去皮

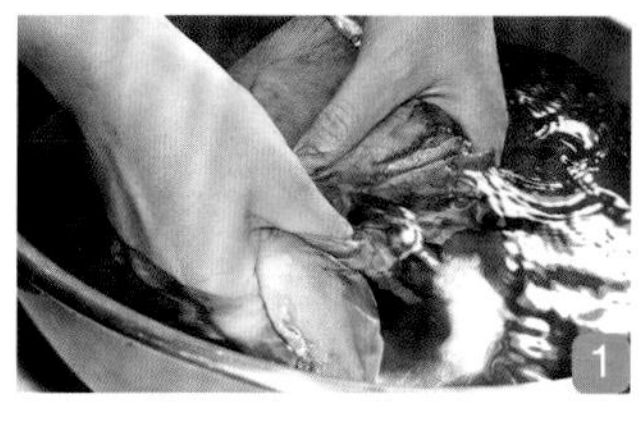

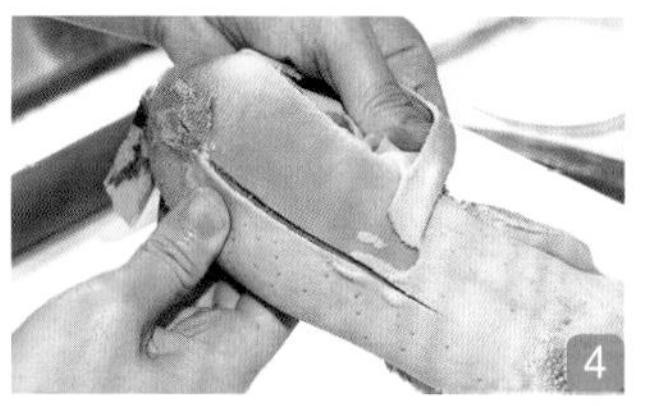

1 将牛舌放在大号锅中，用手揉搓、洗净。
2 将牛舌放入锅中，大火炖煮1.5小时（高压锅15分钟）。
3 用刀在牛舌中间的表皮上划一条线。
4 从切口部分开始，一只手固定牛舌，另一只手将皮剥掉。

※ 生牛舌的皮不容易剥下，因此可以将牛舌煮过后再剥皮。煮过的牛舌在步骤11只需烘烤3小时。

专栏6

添加配菜，让汤更华丽

在汤中添加配菜，色香味更佳

云吞皮

切成菱形或长条，过油炸。

白面包

取面包的白色部分，切成心形，用烤箱烘烤。

水煮蛋

在90℃的水中加醋，打入鸡蛋，蛋黄煮至半熟时用勺子捞出鸡蛋，放入凉水中冷却。

粉丝

将粉丝放入170℃的油中炸20秒，粉丝油炸后会膨胀，不要炸得过久。

小洋葱

锅中放入黄油和细砂糖加热，砂糖变成焦糖色时，放入小洋葱，加盐、黑胡椒和刚没过小洋葱的水，炖煮至小洋葱变软。

蘑菇

锅中放入黄油，加热后放入蘑菇煎出香味。

添加些许配菜就能大幅提升汤的色香味

所谓配菜，就是添加在主菜中，用来提升美味的菜。例如，将胡萝卜或洋葱裹上糖或煮出甜味，将面包经过烘烤，作为配菜使用。制作配菜时应重点考虑其与主菜的色彩搭配以及季节是否合适。

配菜还有调和口感的作用，一般都使用和主菜的食材口感不同的材料，在味道浓郁的料理中，可添加甜味或酸味的配菜，如果主菜味道清淡，则可添加味重的配菜。

添加配菜有很多规则，不过只要遵循基本规律，根据自身喜好搭配，是一件非常有趣的事情。只需一点点创意，餐桌就会变得更加丰富。

意式杂菜汤

用料丰富的意大利风味汤品

意式杂菜汤

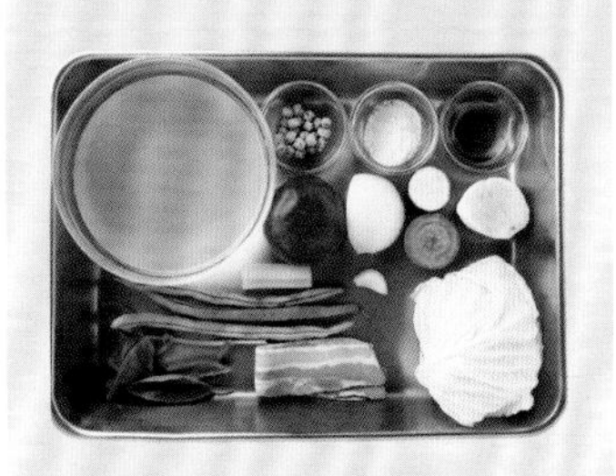

材料（2人份）
培根30g
洋葱1/3个（60g）
胡萝卜1/5根（30g）
西芹10g
西葫芦1/5根（30g）
圆白菜30g
番茄1个（150g）
土豆2/5个（60g）
扁豆3根（30g）
鹰嘴豆15g
鸡高汤3杯（600mL）
蒜1/4瓣（2.5g）
罗勒1/2枝
橄榄油2大勺
粗盐、盐、黑胡椒各适量

装饰
帕尔马奶酪1大勺
罗勒叶2片

Point

将鹰嘴豆和浸泡用的水一起倒入锅中炖煮。

用时
60分钟
※ 不包括处理鹰嘴豆的时间

1 将鹰嘴豆放在水中浸泡一晚。
如果没有时间，也可以使用鹰嘴豆罐头。

2 将鹰嘴豆和泡豆的水一起倒入锅中，炖煮约40分钟（高压锅4分钟）。

3 将罗勒的叶子切成丝。

4 将番茄放入热水中烫一下，然后放入凉水中冷却。去皮、去子后切成1cm见方的块。

5 将培根、洋葱、胡萝卜、西芹、西葫芦、圆白菜和土豆切成1cm见方的块，扁豆切小丁。

6 锅中放入橄榄油和切碎的蒜，炒香后将步骤5中的材料由较硬的开始依次入锅翻炒，炒软后加盐。

7 加入鸡高汤、番茄、粗盐和黑胡椒，炖煮约15分钟。

8 放入鹰嘴豆继续炖煮，水分变少时可以倒入浸泡鹰嘴豆的水。盛出后放入罗勒叶和帕尔马干酪即可。

Point
蔬菜要持续翻炒出香味

将洋葱、胡萝卜、西芹等香味蔬菜持续翻炒出香味，味道才会充分融入汤中。

将蔬菜炒至颜色鲜艳。

材料（2人份）
意式杂菜汤300mL
土豆1个（50g）
黄油5g
帕尔马奶酪2大勺
盐、黑胡椒各适量

装饰
欧芹1根

Point

装盘时要保持造型完整。

用时
20分钟

变化

烤杂菜汤

经过烤箱烘烤，蔬菜更加美味

1 过滤意式杂菜汤，将菜和汤汁分开。在菜中加入帕尔马奶酪，搅拌均匀；汤倒入锅中加热。

2 将土豆切小块，放入微波炉加热约4分钟。土豆变软后加入黄油、盐和黑胡椒，用叉子搅匀。

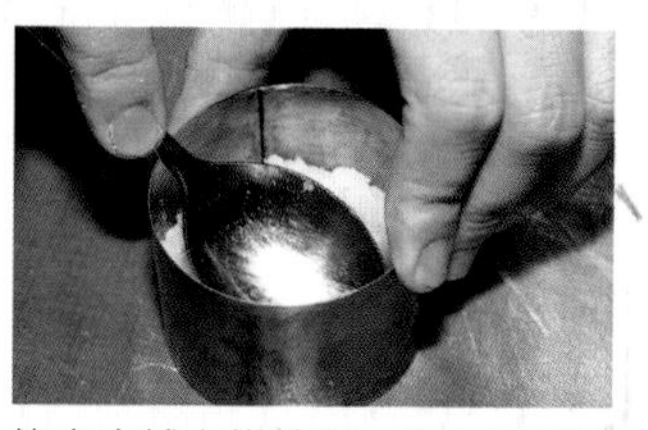

3 烤盘中铺上烘焙纸，放上圆形模具，用勺子将土豆泥装入模具中。

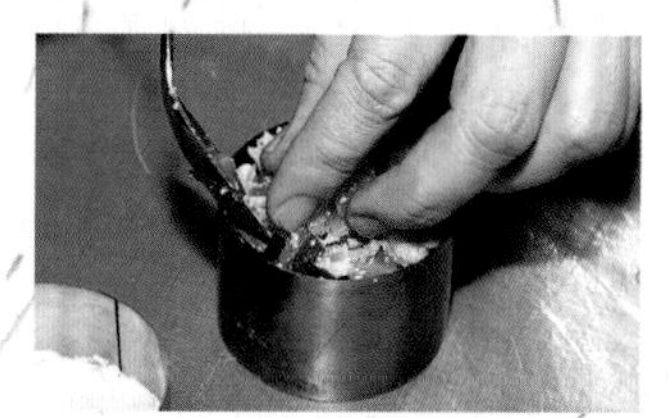

4 在土豆泥上铺上过滤出的蔬菜。

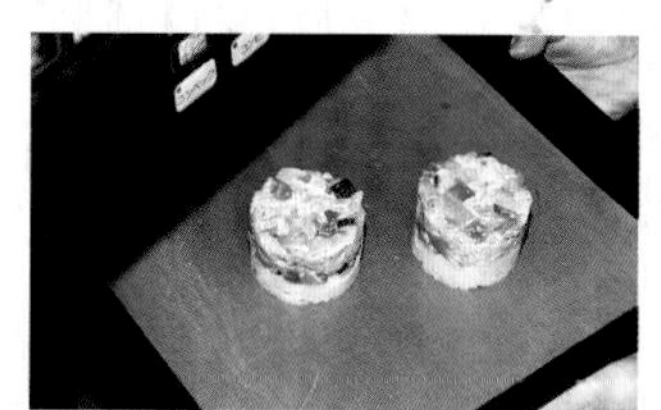

5 拿下模具，将土豆泥放入烤箱，200℃烘烤约10分钟。

6 将烤好的土豆泥装盘，从边上慢慢倒入汤汁，放欧芹装饰即可。

专栏7

让汤滋味更浓郁的秘诀

食材中析出的鲜味可以让汤更加美味

形成鲜味的3种主要物质

谷氨酸

海带、奶酪粉、海苔、番茄中含有的一种氨基酸。市面上销售的提鲜调味料多以谷氨酸为主材。奶酪或火腿做熟后，谷氨酸也会增加。

肌苷酸

鲣鱼干、竹荚鱼、鸡肉、猪肉等动物性食材中含量较高的一种核苷酸。与谷氨酸搭配使用，味道会更加鲜美，日式高汤就多用这种组合方式。

鸟苷酸

干香菇、干牛肝菌、干番茄等大多数干货中含有的鲜味成分。市面上销售的提鲜调味料很多都将肌苷酸和鸟苷酸混合，使其搭配作用，增加鲜味。

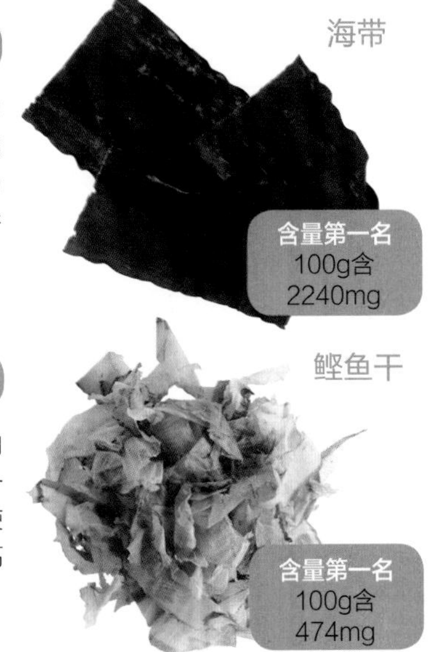

市面上销售的提鲜调味料成分

人工合成的方便调味料

市面上销售的提鲜调味料是由谷氨酸、肌苷酸或鸟苷酸制成的。1908年，日本科学家池田菊苗成功地从海带中提取了谷氨酸，之后，以谷氨酸为主要成分制成的调味料取得了销售许可。1909年，提鲜调味料在日本开始销售，如今，提鲜调味料在各国都已经得到广泛使用。

食品添加物

- 名称：提鲜调味料
- 原材料名：
  L-谷氨酸钠97.5%
  钠2.5%
- 总重量：60g

L-谷氨酸钠是将天然食材中的谷氨酸人工提取并制成。

食材搭配使用可以增加汤的鲜味

只用水将蔬菜或肉简单炖煮，所得的汤汁为什么香味浓郁呢？

鲜味是从食材中炖煮而来的。鲜味来源于肉或鱼中含有的肌苷酸，海藻、蔬菜、奶酪中含有的谷氨酸。这些物质经过炖煮都能从食材中析出，汤中的鲜味就是来源于此。

与单独使用相比，将不同的食材搭配组合使用能带来更好的效果。例如，小牛高汤就是将富含谷氨酸的洋葱与富含肌苷酸的小牛胫肉组合所制成的。日式高汤是将海带和鲣鱼干搭配，让鲜味效果提升。这种方法被广泛应用到了世界各地的料理当中。

蔬菜炖肉2款

鹰嘴豆鸡肉浓汤（P55）

蔬菜也可以作主菜，
法国乡村料理的招牌汤品

牛肉蔬菜浓汤（P54）

牛肉蔬菜浓汤

材料（2人份）
牛胫肉400g
洋葱1/2个（100g）
胡萝卜2/3根（100g）
西芹1/2根（50g）
土豆1个（80g）
纵切的韭葱1/2根（200g）
圆白菜1/4个（350g）
芜菁1个（100g）
牛肉高汤1.2L
百里香、月桂叶、粗盐、盐、黑胡椒、芥末粒各适量

Point

用细绳将食材紧紧捆绑住。

用时
60分钟

1 将牛胫肉上多余的脂肪去除，切成两半。分别用细绳牢牢地捆绑住，避免散开。

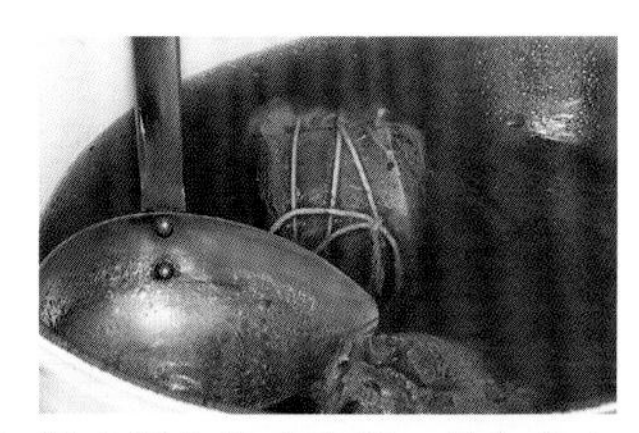

2 锅中倒入牛肉高汤，放入牛肉块、月桂叶、百里香、盐和黑胡椒，炖煮约3小时，其间将杂质去除。

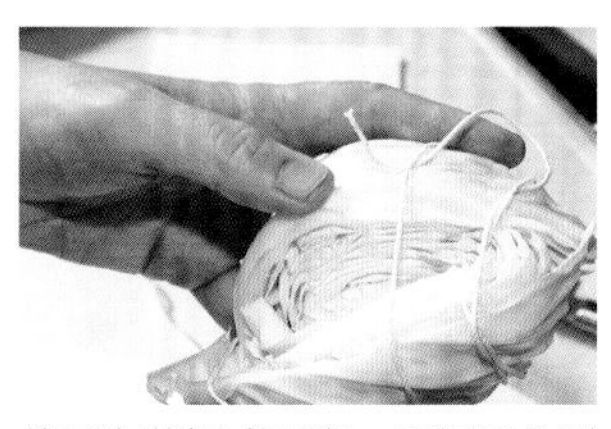

3 将圆白菜切成两半，用绳子分别牢牢捆紧。如果切小块，炖煮时容易烂。

4 将韭葱中太老的部分去除，清洗干净。

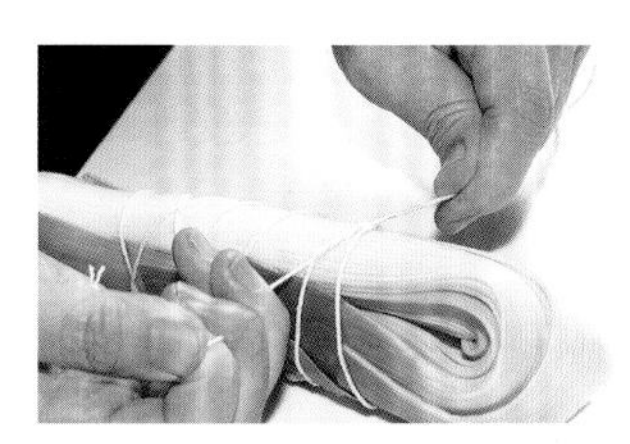

5 将韭葱叠放，对折后用细绳牢牢捆紧。避免炖煮过程中散开。

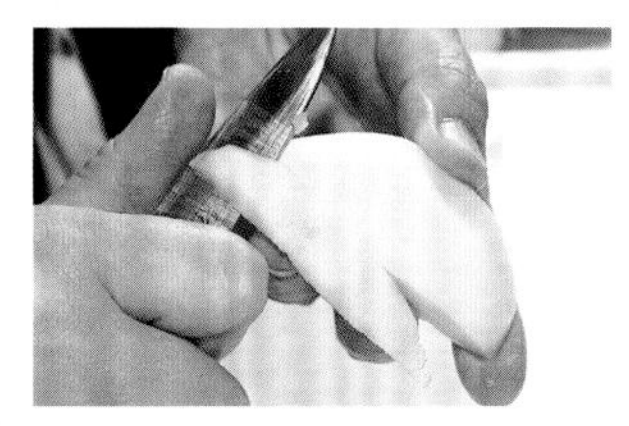

6 土豆去皮后切成大小相同的6块半月牙形，为了避免煮烂，要将棱角削掉。

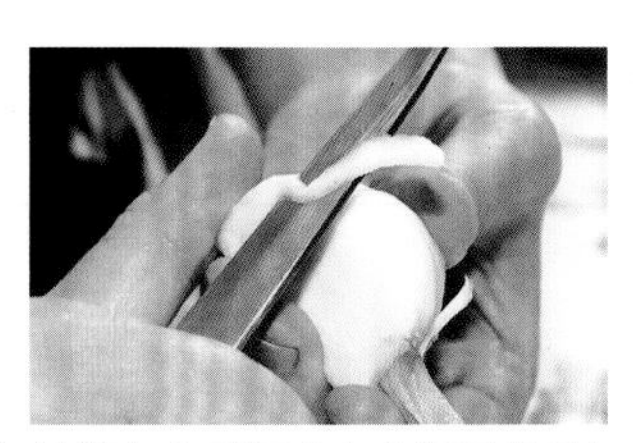

7 芜菁去皮后切成大小相同的6块半月牙形，放入水盆中，将杂质清洗干净。

8 用刀将西芹表面的筋削掉。

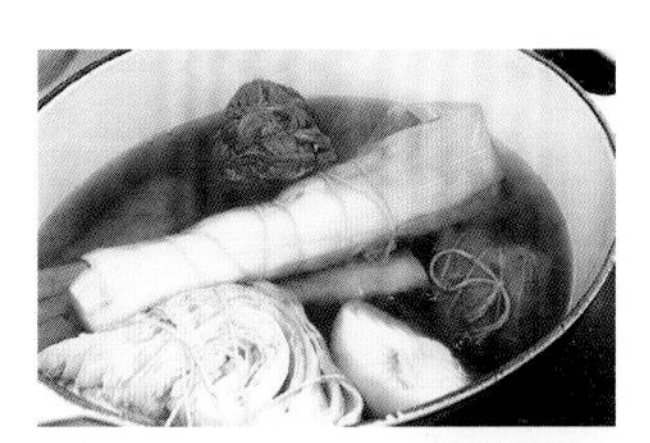

9 在步骤2的汤中放入洋葱、对半切开的胡萝卜、圆白菜、韭葱和西芹，炖煮约30分钟至蔬菜变软。

10 加入土豆，继续炖煮10分钟，再放入芜菁，炖煮5分钟，加盐和黑胡椒调味。然后将蔬菜等食材盛出。

11 将韭葱、西芹切成长约7cm的段，圆白菜切成长4cm的块，牛胫肉切成厚1cm的片，洋葱切成半月牙形。

12 将蔬菜和牛肉依次摆盘。

13 将汤汁过滤到食材上，最后撒粗盐和芥末粒即可。

Point

如何轻松解开细绳

解开绳子后，再切分蔬菜和肉。轻松解开绳子的秘诀就是用刀在绳子打结处切断，即可轻松将整根绳子取出。

不要在没解开绳子时就切分蔬菜和肉。

鹰嘴豆鸡肉浓汤

材料（2人份）

带骨鸡腿2个（300g）
洋葱1/2个（100g）
胡萝卜2/3根（100g）
西芹1/2根（50g）
玉米笋2根（14g）
鹰嘴豆50g
银耳3g
鸡高汤3杯（600mL）
百里香、月桂叶、粗盐、黑胡椒各适量

1 洋葱切成大小相同的6块半月牙形，胡萝卜、西芹、玉米笋斜切成宽1.5cm的片，鸡腿在关节处切开，切成两半。

2 银耳浸泡5分钟，将根部去除。

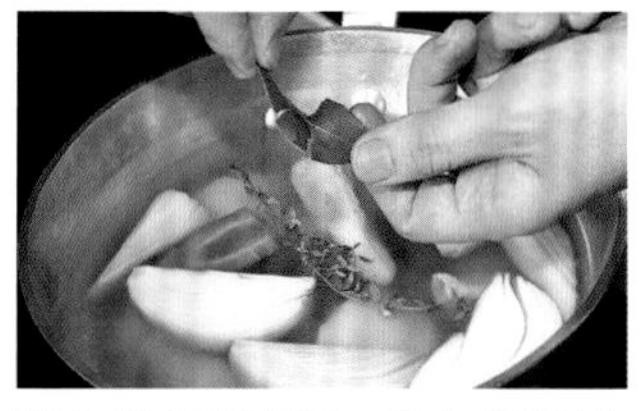

3 锅中倒入鸡高汤，放入步骤1中的食材和月桂叶、百里香，加粗盐和黑胡椒调味，大火炖煮约15分钟。

4 去除杂质，开锅后改中火，放入鹰嘴豆和银耳。

5 不加盖，用小火炖煮约10分钟，食材变软后盛出即可。

Point

合理搭配食材，调节炖煮时间。

用时 45分钟

专栏8

搭配汤品的面包

需要注意汤和面包不能随意搭配

浓香蔬菜炖肉等

长面包

长面包的种类很多，大小各异。此外，还可以搭配味道简单的面包。

俄式红菜汤等

黑麦面包

与德国人一样，俄罗斯人也经常食用黑麦面包。黑麦特有的酸味和香气与红菜汤的味道正好契合。

蛤蜊杂碎汤等

酸面包

将圆形酸面包中间挖空，把汤倒入其中，这是美国西部一道出名的料理。

猪肉炖菜等

凯撒面包

德式猪肉炖菜推荐搭配用小麦制成的小面包，浓郁的肉炖菜，推荐搭配味道简单的面包。

将同一产地出产的汤和面包搭配，才是正确的选择

汤原本就是为了将变硬的面包吃掉而出现的。因此，将汤和面包搭配食用顺理成章。

与汤搭配食用的面包不宜用油脂较多或夹馅的甜面包，应选择油脂较少、味道简单、不发甜的法式面包。

选择当地人经常食用的面包会增添汤的风味，这是秘诀。例如，法国餐桌上不可缺少的法式面包，就可以与在法国诞生的浓香蔬菜炖肉或普罗旺斯鱼汤搭配。

德式汤适合搭配德国人经常食用的、黑麦面粉比重较大的面包或小面包，带有酸味的黑麦面包尤为适合。

牛肉炖菜

提前腌制食材，料理能更入味

牛肉炖菜

材料（2人份）
牛肩肉或牛肋肉400g
培根块50g
胡萝卜1/2根（80g）
洋葱3/4个（150g）
西芹1/5根（20g）
牛肉高汤500mL
红葡萄酒100mL
小牛高汤100mL
水煮番茄75g
蒜1/2瓣（5g）
百里香、月桂叶、色拉油、黄油、盐、黑胡椒各适量

黄油面酱
黄油5g
面粉15g

配菜
胡萝卜2/3根（100g）
土豆1个（80g）
蘑菇4个
小洋葱4个（160g）
白砂糖1大勺
黄油10g
盐、黑胡椒各适量

食材腌制

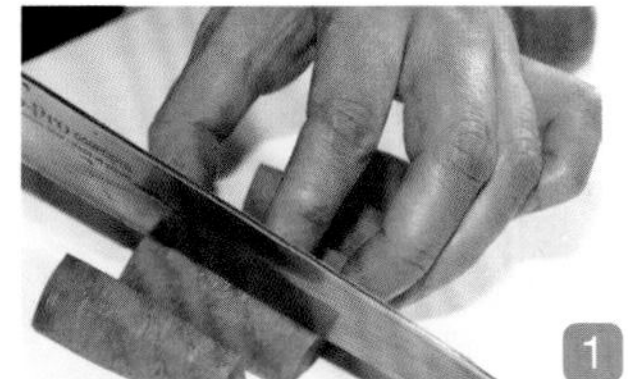

1 将胡萝卜纵向切成6等份，削掉棱角。洋葱和西芹切1cm见方的块。
2 牛肉切5cm见方的块，和削掉的胡萝卜边角料、切块的洋葱、蒜一起放入大碗中。
3 放入培根块，倒入红葡萄酒。
4 放入撕碎的月桂叶和百里香。
5 包上保鲜膜，放入冰箱静置半天。

Point
在汤里加入黄油面酱。

用时
3小时30分钟
※ 不包括腌制时间

1 将腌制过的食材放入过滤网中，过滤出红葡萄酒。用手按压肉块，过滤出汤汁。

2 将牛肉块和培根块放在铺上厨房用纸的烤盘上，用纸按压，挤出水分。

3 在肉块上撒盐和黑胡椒，涂抹均匀，使肉块充分入味。

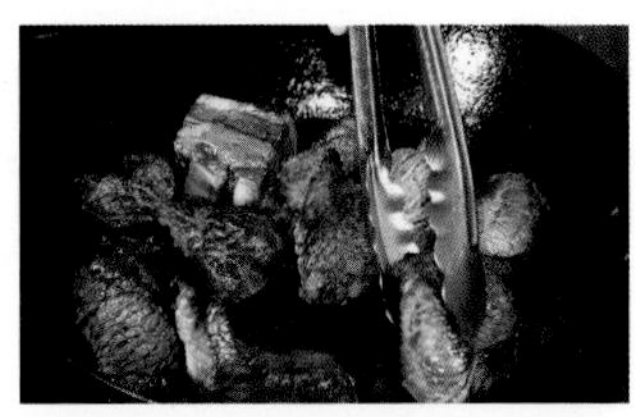

4 在煎锅中放入色拉油和黄油，加热后放入肉块煎制，用夹子不断翻面，将每面都煎成焦黄色。

5 将步骤1中的蔬菜从红葡萄酒汁中过滤出来。

6 锅中放色拉油，加热后放入过滤后的蔬菜翻炒、上色。翻炒过程中可以加入少量水。

7 将煎制过的牛肉块沥干油分，放入蔬菜锅中。如果牛肉残留油分，做出的成品会油太大。

8 将过滤出的红葡萄酒倒入另一锅中，中火煮沸，去除表面杂质，煮制汤汁透明。

9 将红葡萄酒倒入铺上过滤纸的漏斗中，过滤到蔬菜锅中。

10 加入小牛高汤、水煮番茄和牛肉高汤，中火加热，放入百里香和月桂叶，炖煮两三个小时。

11 制作黄油面酱。小火将黄油化开，放入过筛的面粉，开大火将面粉炒出褐色。面粉过筛后再称重。

12 面粉变色后，将锅放入冷水中，用刮刀搅拌，冷却。

13 撇去步骤10锅中表面的油脂。当肉块可以用竹签轻松扎透时捞出，放入另一锅中，加盖。

14 将黄油面酱放入步骤13的汤中搅拌。黄油面酱即使稍微凝固，也不会影响味道，可以直接放入汤中。

15 用漏斗将汤汁过滤到盛有肉块的锅中。

16 制作配菜。锅中放入5g黄油，加热后放入小洋葱翻炒，小洋葱变色后加水，炒至水分蒸发干。

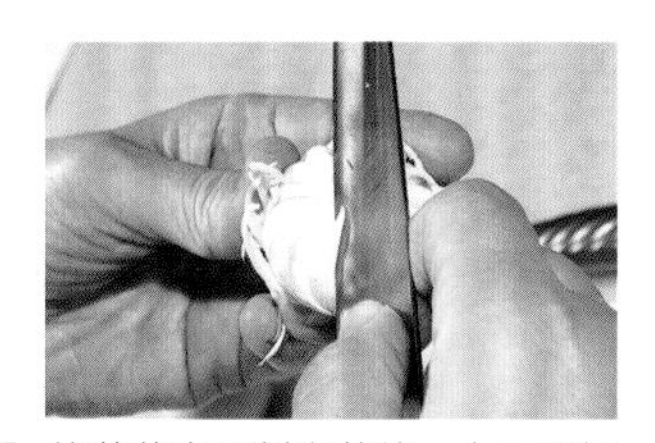

17 将蘑菇表面削出花纹，土豆和胡萝卜纵切成6等份，削掉棱角。

18 将土豆和胡萝卜放入盐水中焯一下。将剩余的黄油放入煎锅中，放入土豆、胡萝卜和蘑菇煎制，加盐和黑胡椒调味。

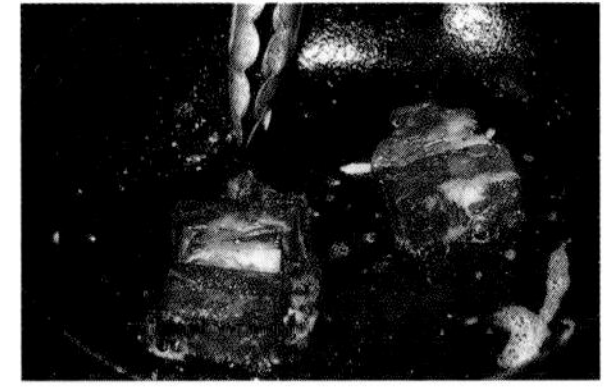

19 将培根块切两半，放入煎锅中，将表面煎成焦黄色。

20 将培根放在厨房用纸上控油。将步骤15中的牛肉炖菜加热后盛出，放入配菜和培根块即可。

专栏9

肉的部位及料理中的用法

特别是小腿或骨头里富含做汤时必需的美味成分

牛肉

大腿 相对于外侧，内侧的肉更嫩。

排骨 从胸部到腹部部位的肉。包括腹部的肉和纤维丰富的肩部肉。

里脊 背部内侧的肉，是最嫩的优质肉。

胸部 脂肪较多，肉质较软。靠近腰的部位肌肉纹理较细，适合煎、炸。

小腿 由于运动较多，这个部位肌肉较多，肉质硬。

做汤时的选择

小腿肉和大腿肉适合长时间炖煮，里脊适合做味道清淡的汤。

猪肉

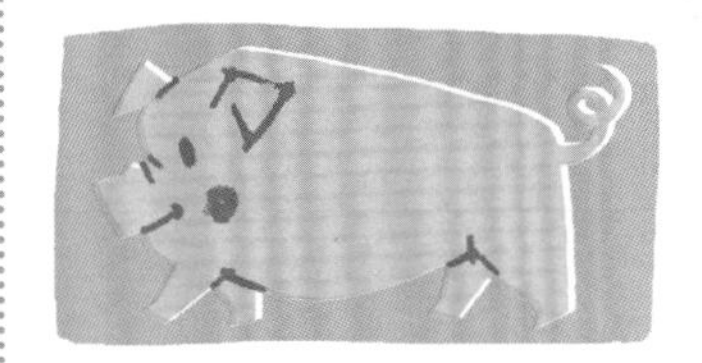

大腿 瘦肉较多，脂肪较少，适合制作香肠或火腿。

排骨 腹部含有大量脂肪的部位，适合炖煮。

里脊 肌肉纹理较细，脂肪较少，适合烧烤或油炸。

胸部 具有特有的甜味，涮火锅、煎烤时经常使用的部位。

做汤时的选择

肥瘦比例较好的肩部适合炖煮类的汤，里脊适合做味道清淡的汤。

鸡肉

大腿 汁水丰富，味道鲜美，适合油炸、炖煮或煎炒。

翅膀 骨头和脂肪较多，含有丰富的胶原蛋白，适合油炸。

大胸 去皮后味道较清淡，适合炖煮。

小胸 几乎不含脂肪，蛋白质丰富，可以搭配味道浓郁的食材。

做汤时的选择

带骨头的肉汁水丰富，可以慢慢炖煮。将鸡腿上的脂肪去除，可以当作配菜使用，美味又实用。

使用富含蛋白质的肉，可以让汤更加鲜美

富含蛋白质的肉类经过长时间炖煮，可以分解出肌苷酸等鲜味的成分，是做汤不可多得的食材。

筋较多的肉中含有丰富的胶原蛋白，长时间加热能形成明胶，适合做汤或炖菜等需要炖煮的料理。小腿骨或鸡架等骨头也可以炖煮出鲜香味，也是做汤的必备食材。

肉类的营养相当丰富，牛肉的瘦肉中含有丰富的优质蛋白和铁元素，适合贫血的人经常食用；猪肉含有能缓解疲劳的维生素B_1；鸡肉中含有能够预防动脉硬化的优质脂肪以及谷氨酸等鲜味成分。

奶油浓汤2款

法国人在美国创造出的口味清爽的冷汤

肉冻奶油浓汤（P63）

奶油浓汤（P62）

奶油浓汤

材料（2人份）
洋葱1/5个（40g）
葱白1/3根（30g）
土豆1个（80g）
鸡高汤250mL
鲜奶油400mL
牛奶100mL
黄油10g
雪利酒1/2小勺
盐、黑胡椒各适量

装饰
细叶芹少许

Point

不要将鲜奶油和牛奶一次全部加入。

用时
30分钟
※ 不包括冷却时间

1 洋葱和葱白切薄片，土豆去皮后切成约3cm厚的片。

2 锅中放入黄油，加热后放洋葱、葱白和盐翻炒，加入土豆片继续翻炒。

3 倒入鸡高汤，加盐和黑胡椒，炖煮约15分钟，直至土豆用竹签能轻松扎透。

4 关火后加入鲜奶油和一半牛奶。留少许鲜奶油作装饰。

5 将汤倒入搅拌机搅拌，然后倒入盆中，加盐和黑胡椒调味，将盆放入冷水中。

6 慢慢倒入剩余的牛奶，然后静置60分钟冷却。

7 冷却10分钟时倒入雪利酒。也可以在食用之前放入。

8 加适量盐和黑胡椒调味，盛出后用鲜奶油和细叶芹装饰即可。

错误！
汤变成褐色

不能将蔬菜翻炒成褐色，当土豆表面变透明时，应立即加入鸡高汤。

汤变成褐色就不能用了。

肉冻奶油浓汤

材料（2人份）

奶油浓汤300mL
芝麻菜4棵（15g）
清炖肉汤100mL
明胶2g
粗盐1小撮

装饰

莳萝少许

Point

要将汤充分冷却。

1 将明胶浸泡在水中，使其变软。

2 在沸水中放入粗盐，溶化后放入芝麻菜焯30秒。

3 芝麻菜捞出后过凉水，沥干水分后去除烂的部分，切成适当大小的段。

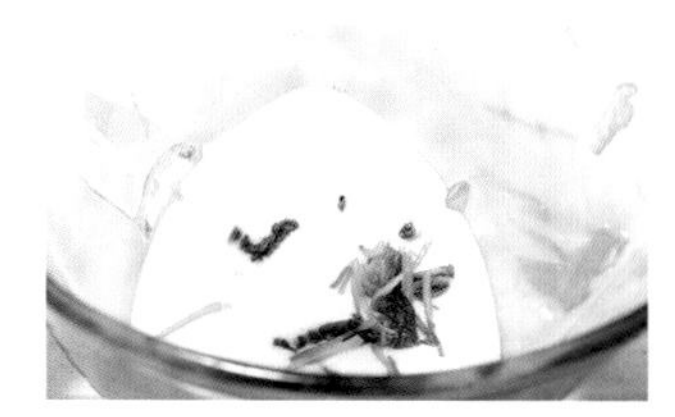

4 将奶油浓汤和芝麻菜放入搅拌机充分搅拌，之后放入冰箱冷却。

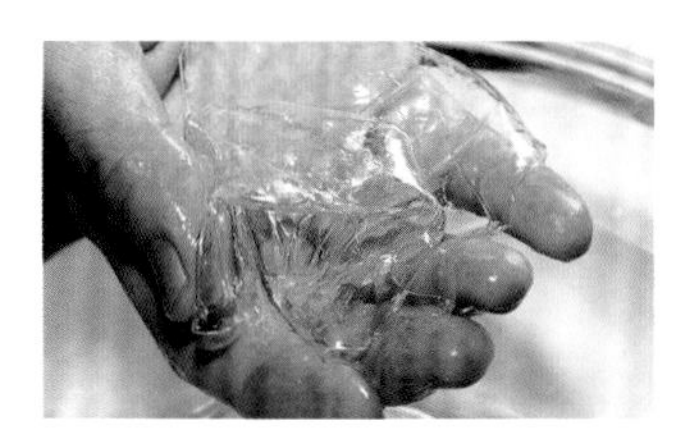

5 制作肉冻。挤干明胶的水分。

6 锅中倒入清炖肉汤，煮沸后关火，放入明胶，搅拌至溶化。如果开着火，明胶会失效。

7 将汤倒入盆中，放入冷水中冷却大约60分钟，使肉冻凝固。

8 将奶油浓汤盛出，放上肉冻，放莳萝装饰。

错误！

明胶直接溶化

一定要用冷水浸泡明胶。夏天如果使用温度较高的自来水，明胶会直接溶化。

明胶容易溶化，处理时要特别注意。

专栏10

餐具选择会影响汤的最终品质

恰当的餐具和用餐礼仪是享受美味的第一步

冷汤

盛放西班牙冷汤或奶油浓汤等冷汤时，推荐玻璃制的深口餐具。

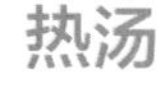

热汤

餐厅大多使用深口餐具，一般家庭可以用玻璃杯或浅口盘代替。

特殊时刻

招待客人时，如果使用带托盘的汤盘，会显得更加正式。

日式汤

涂漆的木碗最适合。因为要端在手中，所以应选择不易导热的材质。

食材丰富的汤

炖汤最好选择深口餐具，如果再加入一些配菜，就会更添华丽。

遵守喝汤的礼仪

使用汤匙喝汤，应从餐具靠近自己的一侧开始盛。汤变少时，可以将餐具倾斜，然后将剩余的汤喝完。喝完汤后要将汤匙朝向自己，放在餐具右侧。

● 正确的喝汤方式

将汤匙倾斜，向上移动，让汤自然流入嘴中。

● 倾斜餐具

用一只手将餐具向前倾斜，用汤匙将汤盛出。

应学习餐具选择和用餐礼仪，避免失礼

汤的做法固然重要，但与之搭配的餐具选择方法也很重要。例如，没有漂浮物的清炖汤应选择带手柄的杯状餐具；有蔬菜等漂浮物的清炖汤或奶油汤，则应选择广口汤盘。

大块食材较多的汤应选择深口餐具，冷汤则应使用看上去就很清凉的玻璃餐具。

此外，还应该熟悉喝汤的餐桌礼仪。首先，喝汤时不应发出声音，这是最基本的礼仪。此外，注意汤匙和容器不要发出碰撞的声音。没有手柄的餐具，不要用嘴直接喝汤。

奶油炖汤（P66）

奶油炖汤2款

面粉不要炒焦，汤应是白色的

圆白菜奶油炖汤（P67）

奶油炖汤

材料（2人份）
鸡腿肉1块（250g）
洋葱1/2个（100g）
胡萝卜1/4根（40g）
土豆1个（80g）
蘑菇2个（15g）
西蓝花1/5棵（40g）
鸡精1小勺
月桂叶1片
粗盐、黄油、色拉油、盐、黑胡椒各适量

黄油面酱
牛奶500mL
面粉2大勺
黄油30g

Point

制作黄油面酱时，不要有面疙瘩。

用时
40分钟

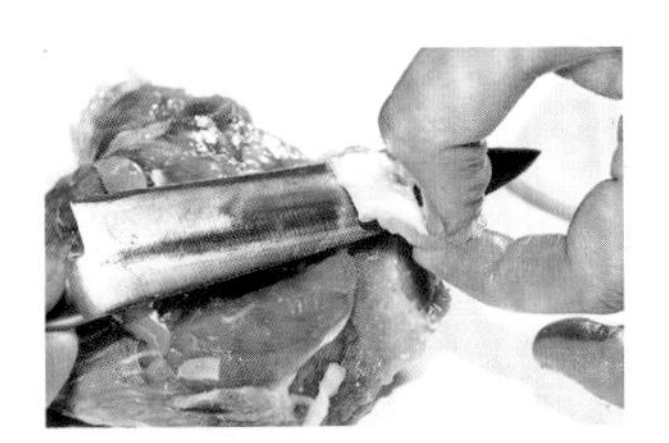

1 去除鸡腿肉上多余的筋、脂肪和软骨，剁成小块。炖煮后肉会缩小，最好切成4cm左右的块。

2 将洋葱、胡萝卜和土豆切成2cm见方的块，蘑菇切成4等份，西蓝花掰小朵。

3 将土豆浸泡在水中，防止变色。

4 在鸡腿肉上撒盐和黑胡椒，用手轻轻揉搓。煎锅中放入黄油和色拉油，加热后用中火将鸡腿肉表面炒出焦黄色。

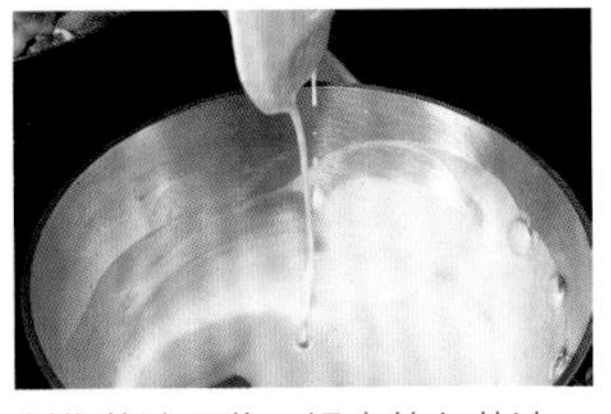

5 制作黄油面酱。锅中放入黄油，加热后倒入面粉，小火翻炒。要炒成液体后再关火。

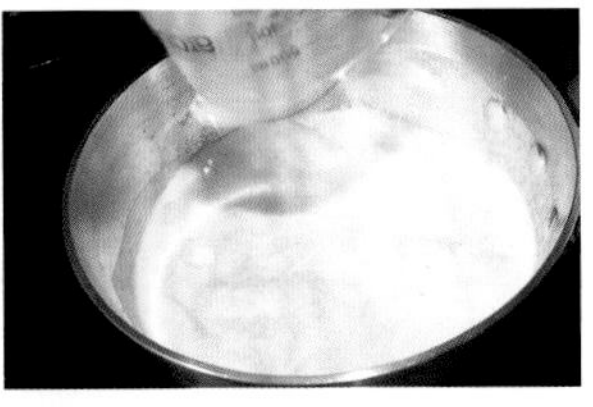

6 加入牛奶，搅拌均匀。要使用凉牛奶，如果用热牛奶，面粉容易结团。

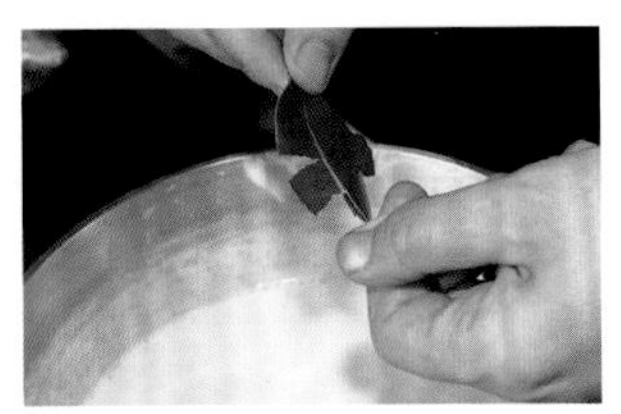

7 用打蛋器继续搅拌，避免出现面疙瘩。加入粗盐、黑胡椒、鸡精和月桂叶。

8 将鸡肉块控油，然后放入黄油面酱中。

9 将洋葱、胡萝卜、土豆和蘑菇放入煎过鸡肉的锅中翻炒。如果油过多，可以用厨房用纸吸出油。

10 将炒好的蔬菜放入黄油面酱中，小火炖煮15分钟。西蓝花在盐水中焯熟后控干水分，将奶油炖汤盛出，放入西蓝花即可。

圆白菜奶油炖汤

材料（2人份）

圆白菜4片（240g）
猪肉馅（或猪肉和牛肉混合馅）150g
洋葱1/5个（40g）
面包粉10g
培根4片（80g）
牛奶2小勺
黄油5g
肉豆蔻粉1小勺
鸡高汤3杯（600mL）
冷冻玉米粒4大勺
胡萝卜1/3根（50g）
鲜奶油60mL
玉米淀粉3～4大勺
盐、黑胡椒各适量

装饰

扁豆4根（32g）

Point

圆白菜要卷紧，不要有缝隙。

用时
1小时20分钟

1 圆白菜放到冷水中洗净，一片片地将叶片剥下。在水中更容易剥下叶子。

2 烧一锅水，水沸腾后加盐，放入圆白菜焯一两分钟后捞出，沥干、冷却。

3 用刀将圆白菜的硬心切掉，然后切碎，之后会在卷菜时使用。

4 煎锅中放入黄油，加热后放入切碎的洋葱翻炒片刻，盛入盆中，将盆放入冷水中冷却。

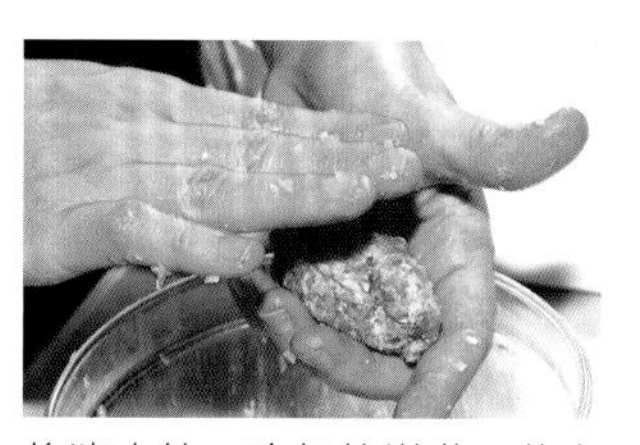

5 将猪肉馅、冷却的洋葱、菜心碎、面包粉、牛奶、肉豆蔻粉、盐和黑胡椒混合、搅拌均匀，分成4等份，分别揉成4个椭圆形。

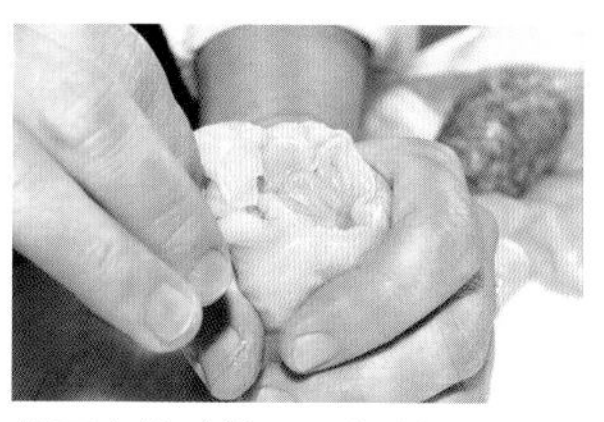

6 将圆白菜叶铺开，将肉馅放在梗的一侧，从左侧开始卷起，卷好后将右侧的叶子塞入缝隙中。

7 在圆白菜卷外卷一片培根，用牙签固定。

8 用模具将胡萝卜切出造型；扁豆去筋后用盐水焯熟，然后斜切成2等份；玉米粒解冻。

9 锅中放入圆白菜卷，倒入鸡高汤，加盐和黑胡椒，盖上锅盖炖煮40分钟。放入胡萝卜和玉米粒再炖煮20分钟。

10 加入鲜奶油、盐和黑胡椒，玉米淀粉用等量的水调匀，倒入汤中，将牙签去除后盛出，放扁豆装饰。

专栏11

奶油炖汤的其他用途

剩余的汤可用来制作其他料理

料理1

奶油焗饭

材料（2人份）
奶油炖汤1杯
温米饭2碗
化开的奶酪50g
帕尔马奶酪1大勺
黄油10g
欧芹碎、盐、黑胡椒各适量

做法
1 在温米饭中加入黄油、盐和黑胡椒，搅拌均匀。
2 将米饭铺在烤盘上，浇上奶油炖汤，放入化开的奶酪和帕尔马奶酪。
3 放入烤箱，220℃烘烤10分钟。
4 撒上欧芹碎即可。

料理2

面包炖汤

材料（2人份）
奶油炖汤1杯
圆形面包2个

做法
1 将面包顶部切下，做成盖子。
2 将面包中间掏空，和盖子一起稍微烘烤一下。
3 在面包里放入加热的奶油炖汤，将盖子放在一旁即可。

料理3

奶油炸糕

材料（2人份）
奶油炖汤1杯
玉米淀粉适量
面粉、鸡蛋液、面包粉各适量

做法
1 将奶油炖汤中大块的蔬菜切成1cm见方的小块。
2 将炖汤放入锅中加热，放入用水化开的玉米淀粉增稠。
3 倒入方盘中冷却。
4 将步骤3中的食材分成4等份，整理成椭圆形，依次加入面粉、鸡蛋液和面包粉。
5 锅中热油，油温180℃时将食材炸至定形即可。

制作焗饭、炸糕，创造出新的味道

如果奶油炖汤有剩余，可以将其作为白酱制作其他料理。例如，在用盐和黑胡椒调味的米饭上浇上奶油炖汤，加入奶酪，入烤箱烤出全新口味的奶油焗饭。也可以作为意大利面酱使用，或用玉米淀粉勾芡后裹面衣油炸，做成炸糕。

奶油炖汤的汤汁可以代替贝夏梅尔酱，制作意大利面。奶油炖汤中的菜和汤可以分别用于不同的料理中。

奶油炖汤和面包是很好的搭配，在掏空的圆面包中倒入奶油炖汤，也是一种不同于其他的料理方法。

一次做出足量的炖汤，可以应用到其他料理中。因此，即使汤做多了也无妨，它依旧会出现在平日的菜谱中。

西班牙冷汤2款

清凉感和酸味可以增加食欲，
极具西班牙特色的番茄冷汤

黄椒冷汤（P71）

红椒冷汤（P70）

红椒冷汤

材料（2人份）

洋葱1/6个（30g）
黄瓜1/3根（30g）
番茄2个（300g）
红椒1/4个（40g）
蒜1/4瓣（2.5g）
长面包20g
白桃20g
番茄酱1/4大勺
Ⓐ 红酒醋1小勺
特级初榨橄榄油20mL
塔巴斯科辣椒酱少许
冰水150mL
盐、黑胡椒适量

Point

将食材和调味料充分混合后腌制。

用时
20分钟
※ 不包括腌制时间

1 将洋葱、去皮的黄瓜、白桃、番茄和红椒切块，蒜去芽后切碎，将长面包撕碎。

2 将步骤1中的食材和材料Ⓐ放入碗中，加盐和黑胡椒。洋葱、黄瓜、番茄和红椒各留出10g，作为漂浮汤料备用。

3 在步骤2中加入番茄酱，搅拌均匀。用保鲜膜密封后放入冰箱腌制半天或一晚。

4 将腌制好的食材倒入搅拌机中。腌制过的食材味道更柔和。

5 用冰水涮洗腌制食材的碗，然后将水倒入搅拌机中搅拌。

6 适当加盐和黑胡椒调味。如果汤过于浓稠，可以适当加水。

7 如果番茄的酸味不足，可以加入红酒醋。

8 将汤过滤，去除皮等杂质。用刮刀轻轻按压，充分过滤。

9 将备用的汤料切成3mm见方的小丁。

10 将汤盛入容器中，放上汤料装饰。汤放入冰箱冷藏，食用前取出即可。

黄椒冷汤

材料（2人份）

黄瓜1/2根（50g）
黄色小番茄15个（200g）
黄椒2/5个（60g）
罐头菠萝1片（20g）
蒜1/3瓣（3g）
Ⓐ 酸奶120g
　白酒醋少许
　蛋黄酱1/2大勺
特级初榨橄榄油20mL
冰水60mL
盐、黑胡椒各适量

装饰

黄色小番茄、菠萝各8片

Point

将汤放入搅拌机，充分搅拌。

用时
20分钟
※ 不包括腌制时间

1 取一个黄色小番茄，切成8片薄片；菠萝横切成两半，其中一半切成8等份，备用。

2 将去皮的黄瓜、去子的黄椒切大块，将黄色小番茄都切半，将剩余的菠萝切块。

3 将步骤2中的食材放入碗中，加入橄榄油，拌匀。

4 加入材料Ⓐ、盐和黑胡椒，充分拌匀。用保鲜膜密封后放入冰箱腌制半天或一晚。

5 将腌制好的食材放入搅拌机。粘在碗边的食材全部放入搅拌机中。

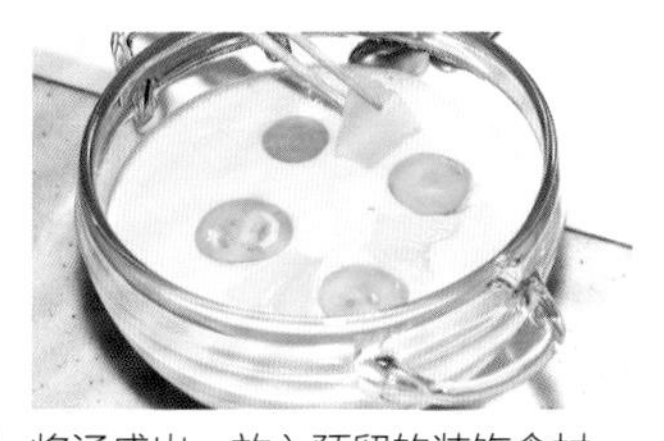

6 用冰水涮洗腌制食材的碗，然后将水倒入搅拌机中搅拌。

7 充分搅拌成汤后过滤。用刮刀轻轻按压，充分过滤。

8 将汤盛出，放入预留的装饰食材。可以用筷子将装饰摆成圆形。

错误！
汤没有呈现出漂亮的黄颜色

一定要将黄瓜皮去除干净，如果皮有残留，就会掺杂进汤里，不仅颜色不好看，口感也会发涩。

汤中泛着青绿色。

专栏12

活用调味料

调味料并不一定能为汤锦上添花

调味料的4种应用方式

应用1

料理中的食材或类型相似

就像做汉堡包不可缺少的肉豆蔻，同样也能用于其他牛肉料理中一样，只要料理的类型或食材相似，调味料的用法也相同。

如

肉类料理搭配香味较浓的调味料 ➡ 肉豆蔻、胡椒、鼠尾草等

鱼类料理搭配味道清淡的调味料 ➡ 茴香、罗勒、龙蒿等

应用2

香味或辣味类型相似的调味料可用于同一料理中

汉堡包中的肉豆蔻可以用香味近似的豆蔻皮代替。

如

除臭 ➡ 丁香、肉豆蔻、鼠尾草、蒜等

增辣 ➡ 胡椒、卡宴辣椒、香辛粉等

上色 ➡ 姜黄、藏红花、辣椒、辣椒粉、罗勒等

应用3

调味料或香料类型相同，适用的料理也相同

百合科调味料消除肉的异味效果最显著，也可以使用与蒜同一类的洋葱。

如

百合科 ➡ 蒜、洋葱、大葱、韭菜

姜科 ➡ 姜、小豆蔻、姜黄、茗荷

十字花科 ➡ 芥末、辣根、山葵

伞形科 ➡ 茴香、香菜、小茴香、香芹、西芹

应用4

日式和西式调味料也可以互换使用

如果香味成分和类型相同，日式和西式调味料都可以使用。

如

香肠+芥末 ➡ 香肠+日式芥末

烤牛肉+辣根 ➡ 烤牛肉+芥末

了解调味料的基本功能，活用到多种料理中

并不是只要使用调味料，就能起到正确的效果，应该正确理解料理和调味料或香料之间的相互搭配。

调味料或香料具有4大基本功能——除臭、增香、增辣和上色。具有除臭功能的调味料有蒜、丁香、鼠尾草等，在消除肉类臭味时，多使用蒜、洋葱或肉豆蔻等调味料。

料理与调味料或香料有基本的搭配方式，并且，如果调味料或香料属于同一类型，香味和性质相同，是可以互换使用的。只有了解它们的特性，才能将其有效地应用到各种料理中，并帮助料理更加美味。

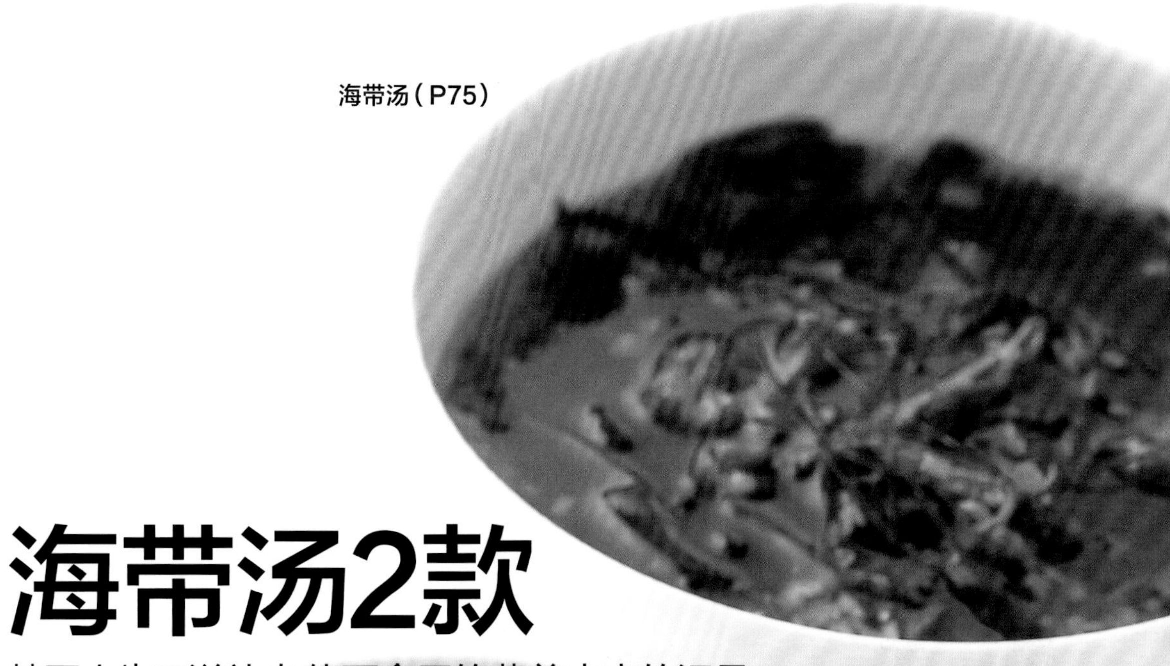
海带汤（P75）

海带汤2款

韩国人为了滋补身体而食用的营养丰富的汤品

杂鱼干海带汤（P74）

杂鱼干海带汤

材料（2人份）
蛤蜊100g
嫩豆腐1/7块（40g）
盐渍裙带菜30g
水700mL
杂鱼干10g
盐1/2小勺
酱油1/2小勺
黑胡椒适量

装饰
香葱2根（10g）

Point

用杂鱼干制作高汤。

1 制作杂鱼干高汤。去除杂鱼干的头部和内脏，在水中浸泡一晚。

2 将杂鱼干和水一同倒入锅中，大火煮沸后转小火，撇去杂质，煮10分钟。

3 将煮好的汤过滤到另一锅中。

4 在蛤蜊上撒盐，清洗干净。用手仔细揉搓，洗掉泥沙。

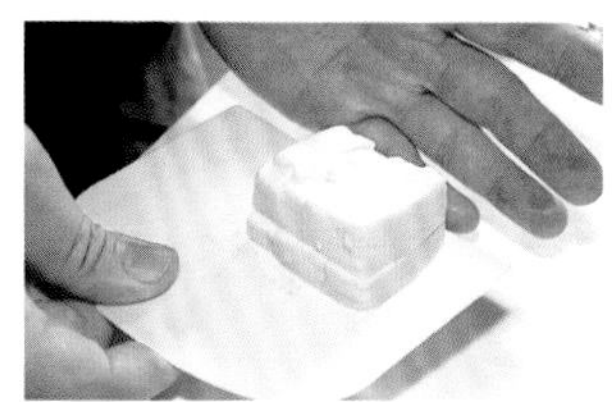

5 将嫩豆腐切成1cm见方的块。

6 盐渍裙带菜用水冲洗后在水中浸泡15分钟，切成适当大小的块。

7 将香葱切碎。

8 将蛤蜊放入步骤3的高汤中炖煮。

9 加入裙带菜和嫩豆腐，煮至蛤蜊张口。

10 加酱油、盐、黑胡椒调味，盛出后撒香葱碎装饰。

海带汤

材料（2人份）

牛腿肉75g
葱白8g
盐渍裙带菜30g
白芝麻1/2小勺
水700mL
酱油1小勺
香油2小勺
盐1/2小勺
黑胡椒适量

装饰

辣椒丝少许

Point

将食材和香油充分混合。

用时 50分钟

1 将牛腿肉放入冷水中，大火炖煮。如果放入沸水中，会产生更多杂质。

2 水沸腾后改小火炖煮30分钟，炖煮过程中随时撇去杂质。

3 捞出牛肉，顺着纤维撕成丝。煮过牛肉的汤作为高汤备用。

4 盐渍裙带菜用水冲洗后放在水中浸泡。

5 将裙带菜切成适当大小。浸泡后如果不切块，裙带菜会涨发。

6 葱白切碎。

7 将牛肉丝、裙带菜和葱白放入盆中，倒入1小勺香油，用手拌匀。一直搅拌到香油和所有食材充分混合。

8 锅中放1小勺香油，加热后放入白芝麻翻炒出香味。放入步骤7的食材翻炒至裙带菜变色。

9 将步骤3中的汤倒入锅中，搅拌。

10 加盐、酱油和黑胡椒调味，盛出后撒上辣椒丝装饰。

专栏13

韩国的汤文化

汤还是暖锅？韩国的汤到底是什么？

韩国汤的2种类型

清汤（罐头）

牛肉是做高汤最常用的材料，调味除了盐和淡口酱油，还可以将辣椒酱溶化后放到料理中。

火锅

泡菜和肉等多种食材用味噌或虾酱调味，慢慢炖煮而成的暖锅料理。

韩国的汤可以泡饭

在韩国，将米饭放入汤中食用非常普遍。有人是用勺子将米饭一勺勺放入汤中，有人是将米饭全部倒入汤中，每个人的食用方法不尽相同。

韩国两种汤的不同之处

韩国汤分为清汤和火锅两种，在韩国料理餐厅中常见的五花肉汤等属于清汤，汤水相对较多，颜色较为清澈。清汤是用肉类或鱼类制作高汤，然后肉和鱼直接食用。顺便说一句，在汤中泡入米饭的料理叫作韩式汤泡饭，属于米饭，不属于汤。

将泡菜、肉、蔬菜等一起炖煮、用味噌或虾酱调味、味道浓郁的料理是最具代表性的火锅。在韩国的普通餐馆中，大多使用土锅这种专用小锅制作。虽被称为火锅，但是在韩国一般被划入汤料理中。

还有一种火锅料理，是指另一种用大锅制作，多人一起食用的料理。

冬阴功汤

虾的鲜味与酸辣味完美融合，
一道美味的泰式汤

冬阴功汤

材料（2人份）
虾4只（160g）
柠檬草2根
姜20g
泰国香草（青柠叶）3片
泰国辣椒1根
草菇（罐头）4个
鱼露20mL
辣椒酱2小勺
酸橙1/2个
椰子糖或砂糖少许

鸡高汤
鸡架1只
香菜1根
水1.2L

装饰
香菜叶1根的量

Point

将切下的边角料用在高汤制作中。

用时
60分钟

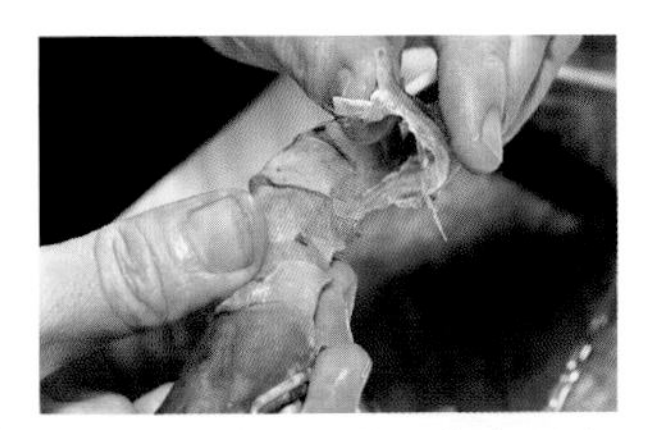

1 虾去除虾线，剥壳。如果虾须较长，则要剪掉。如果是冷冻虾，要先解冻。

2 将每个草菇都分成4等份，放入水中，大火煮沸后捞出，擦干水分。消除罐头的异味。

3 将香菜叶摘下留作装饰，用刀拍打香菜根部。香菜经过拍打后会散发出香味。

4 将柠檬草斜切成片，姜去皮后切薄片，辣椒去蒂后切丝，青柠叶去梗后撕碎。

5 将鸡架切成4cm见方的块，和虾壳、柠檬草较硬的部分、姜皮、青柠叶梗、香菜梗放在一起。

6 将步骤5的食材放入一锅水中，大火烧开，撇去杂质，改小火炖煮30~40分钟。

7 在滤网上铺过滤纸，将步骤6的汤慢慢倒入。将450mL过滤出的汤倒入锅中，大火加热。

8 锅中放入柠檬草和姜片，煮出香味，然后放入青柠叶、辣椒丝和草菇，沸腾后放入虾。

9 加入鱼露、椰子糖，根据个人口味添加辣椒酱，继续炖煮两三分钟。

10 当锅中产生大量杂质后，用勺沿锅边将杂质去除。往汤中挤入酸橙汁，撒上香菜叶。

材料（2人份）
泰国大米4大勺
椰奶50mL、舞茸30g
豆芽60g、青梗菜1棵（75g）
蒜黄30g、辣椒1根
虾4只（160g）
鱼露1大勺、柠檬汁少许

鸡高汤
鸡高汤500mL、柠檬草1根
泰国香草（青柠叶）2片
姜1块

Point

将大米充分洗净，避免汤变混浊。

用时 30分钟

变化

椰香冬阴功汤

辣味减轻、
更加温和的冬阴功汤

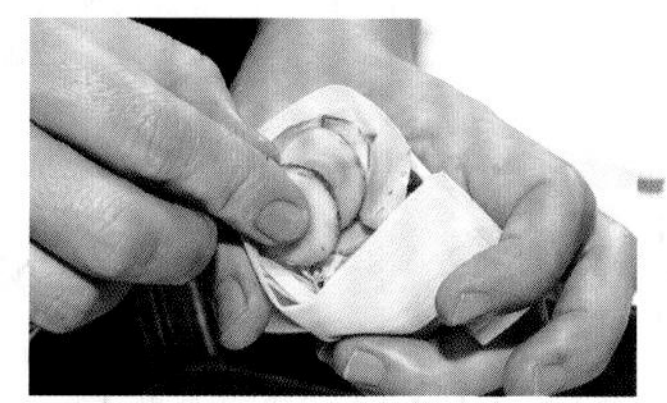

1 将柠檬草切薄片，姜切片，青柠叶切碎，一起放入料包中。

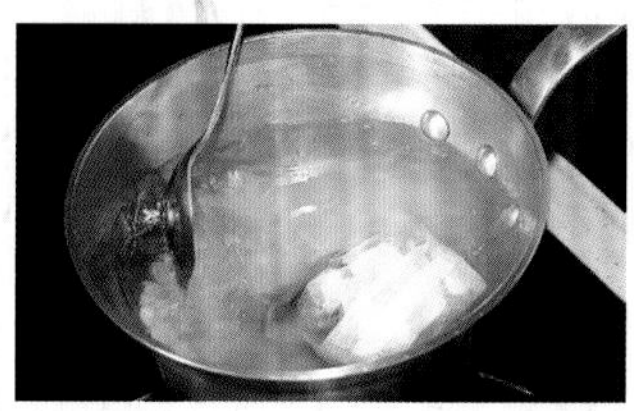

2 锅中放入鸡高汤、洗净的大米和料包，炖煮15分钟。

3 豆芽去须，虾去虾线和壳，蒜黄切5cm长的段，青梗菜切8cm长的段，辣椒切丝。

4 在步骤2的锅中放入撕成小块的舞茸、豆芽、辣椒丝、椰奶和鱼露。

5 炖煮至大米变软，取出料包，放入蒜黄、青梗菜后煮两三分钟。

6 倒入柠檬汁，充分搅拌后盛出即可。

专栏14

独具异域风情的东南亚食材

冬阴功汤或越南米粉中被人熟知的东南亚食材

主食

泰国大米

与普通大米相比更细长、干燥。茉莉香米是其中的最佳品种。

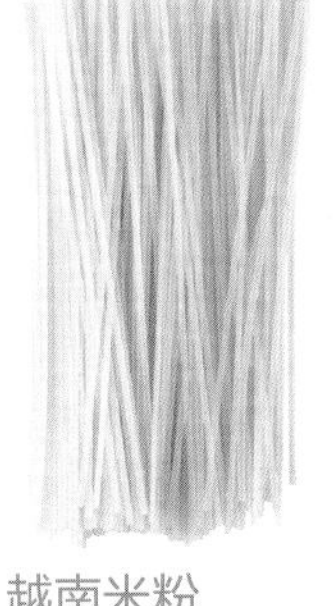

越南米粉

用越南大米磨成粉制作而成，搭配鸡汤或牛肉汤的米粉最受欢迎。

蔬菜

南姜

比普通姜更白、更硬，辣味较强。

柠檬草

清爽的香气和酸味是冬阴功汤必不可少的材料。

小圆茄

青色且较硬的小个茄子，是泰式咖喱必不可少的食材。

方便食品

调料料包

制作冬阴功汤、海鲜烩饭、绿咖喱鸡汤的方便料包，东南亚有很多制作料理的方便料包。

调味料

鱼露

盐腌后的鱼贝类经过发酵、熬煮、过滤所得到的调味汁。

鱼酱

小虾、小鱼等食材经过腌制做成的酱，和日式味噌类似，多用于制作咖喱、炒饭等料理。

酱油

泰国酱油，只在制作热料理时使用。

独具民族特色的东南亚料理

一说到东南亚料理，人们自然想到的是甜、辣、酸味的混搭，味道复杂，香料味较重。不同国家的料理也都各有特色。

泰国料理的特点是，一道料理中混合了辣、甜、咸、酸，味道较为浓烈刺激。冬阴功汤就是酸辣和鱼贝类的鲜混合而成的、味道多重的料理。

越南料理大多比较精致、简单，味道较为清淡，用香草或鱼露等调味后享用。

印度尼西亚的一道料理中会用到几十种调味料，虽然做法简单，但大部分都分量较大。

鱼翅羹

高级食材与鲜汤完美结合的中式料理

鱼翅羹

材料（2人份）
水发鱼翅100g
老酒1大勺
鸡胸肉75g
虾3只
葱白5cm（10g）
葱叶、姜、酒各适量
Ⓐ
- 蚝油1/2小勺
- 酱油1小勺
- 盐1小勺
- 蒸出的汤汁适量

水淀粉1大勺
色拉油、盐各适量

清高汤
鸡胸肉50g
猪瘦肉（大腿肉等）50g
大葱1/3根（30g）
鸡高汤1L
姜5g

Point

用沸水汆烫，去除鱼翅的异味。

用时 60分钟

1 制作清高汤。将鸡胸肉、瘦猪肉切小块，大葱切碎，姜切2mm薄片。

2 将步骤1中的材料放入锅中，用手搅拌出黏性。

3 锅中倒入鸡高汤，大火加热，用木铲搅拌，汤达到75℃时停止搅拌。

4 小火炖煮30分钟。表面微微沸腾的状态即可。然后倒入铺有过滤纸的过滤网中过滤。

5 虾去虾线，葱叶切5cm长段，姜切薄片，与鸡胸肉一起放入容器中，倒入酒，上锅蒸。

6 3分钟后将虾取出，继续蒸5分钟，关火。用过滤网将蒸出的汤汁过滤出来。

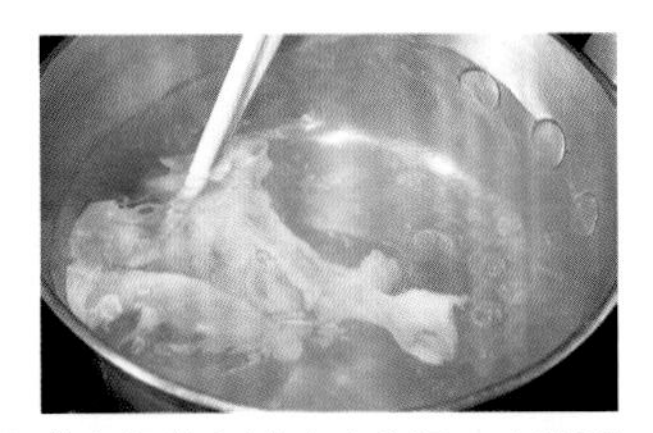

7 将鱼翅放入沸水中汆烫，去除腥臭味，加入老酒和盐，用筷子轻轻搅拌，再煮两三分钟。

8 虾去壳，和鸡胸肉均切成3mm宽的细丝，葱白切2mm宽的细丝。将鱼翅捞出，放在过滤网上控干水分。

9 锅中倒入色拉油，加热后放入葱白丝翻炒，放入步骤6过滤出的汤汁和材料Ⓐ，搅拌后加入清高汤。

10 放入鸡肉丝、虾肉丝和鱼翅，迅速煮熟，然后放入水淀粉勾芡。

材料（2人份）
水500mL
鱼翅羹料包1袋
鸡蛋1个
白酒1小勺
葱白丝20g
姜丝10g
色拉油适量

装饰
香菜叶少许

变化

即食鱼翅羹

用鱼翅羹料包
做出味道纯正的鱼翅羹

Point

用酒彻底去除鱼翅的异味。

用时
20分钟

1 锅中倒入色拉油，加热后放入葱白丝和姜丝翻炒，加入白酒。

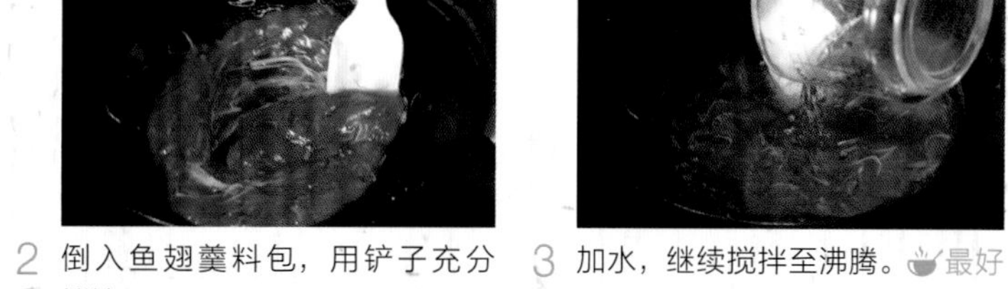

2 倒入鱼翅羹料包，用铲子充分搅拌。

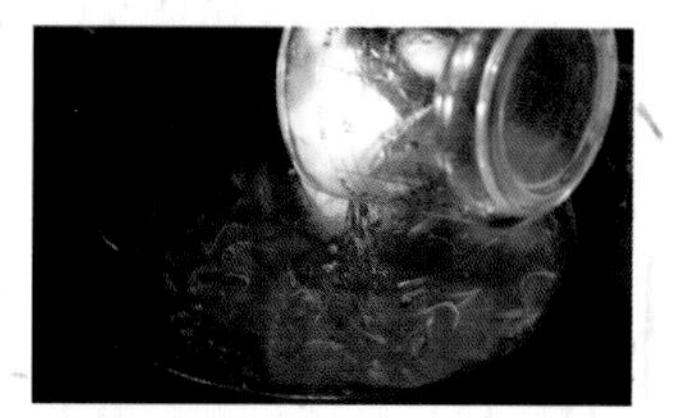

3 加水，继续搅拌至沸腾。最好使用打蛋器搅拌。

4 开小火，将鸡蛋打匀，边搅拌边倒入锅中。

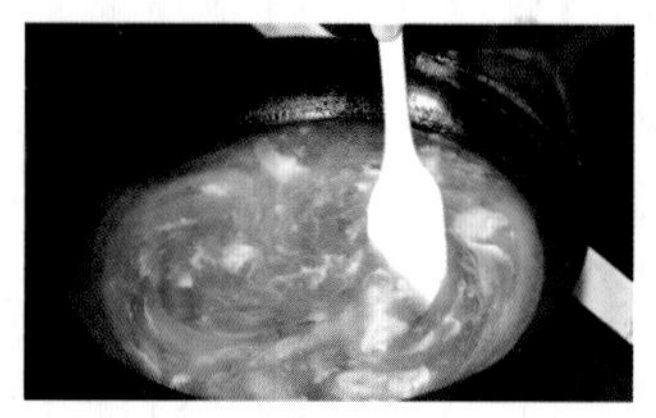

5 充分搅拌30秒。

6 关火后放入香菜叶，搅拌均匀后盛出即可。

专栏15

中式料理中的高汤

中式高汤主要分为3种

各地汤的特色

上海

位于东部地区的上海海产品较为丰富，上海的汤中，用鱼翅制作的、味道清淡的炖汤较为常见。

北京

注重汤的色泽、食材和摆盘等，汤运用多种烹调方法制作而成，味道浓厚。汤中有肉和蔬菜等丰富的食材，口味各异。

四川

除了辣椒，胡椒和花椒等香辛料在日常烹调中经常被使用。代表汤品是酸辣汤。

广东

利用食材的本味制作出的、味道清淡的料理。对汤尤为重视，以鱼翅和燕窝等高档食材为原材料制作的汤品较多。

做汤不可缺少的调味料

鸡油

用鸡肉的脂肪为原料制作而成。汤做好后滴入几滴，能增加鲜味。

鸡精

制作中式汤的基本调味料，只需用开水溶化，就能调出美味。

干货

在中式汤中，制作高汤常会用到干货。可以与鸡精一起常备。

中式高汤制作简单，可以做出后用到其他料理中

中式料理中，汤也被称作汤菜。通过蒸制而成的被称为炖汤，用淀粉勾芡而成的被称为羹。烹饪方法不同，料理的名称也随之变化。

高汤是所有汤类料理的基础。其中，最常见的是鸡高汤，它是将鸡架、葱、姜一起炖煮而成的，是制作鱼翅羹、酸辣汤的基础。

用鸡架制作的鸡高汤是清汤，与法国的清炖肉汤一样，汤汁清澈透明。还可以将猪骨与鸡高汤一起慢慢炖成奶白色的高汤，搭配蔬菜、米、面等食材使用。

鲜虾云吞汤

手工制作的云吞入口滑嫩

鲜虾云吞汤

材料（4人份）

云吞皮

高筋面粉60g
淀粉60g
水70mL
盐1小撮

云吞馅

虾80g
葱白5cm（10g）
竹笋15g
姜少许
香油1/4小勺
白酒1/4小勺
盐、黑胡椒各适量

虾肉清汤

虾壳适量
去皮鸡胸肉150g
蛋清1个（30g）
姜1块
葱10cm（20g）
水1L
粗盐、黑胡椒各适量

配菜

芥蓝1/2棵
木耳1g
葱白5cm（10g）
粗盐适量

Point

云吞皮一定要捏紧。

用时
1小时20分钟

制作云吞皮

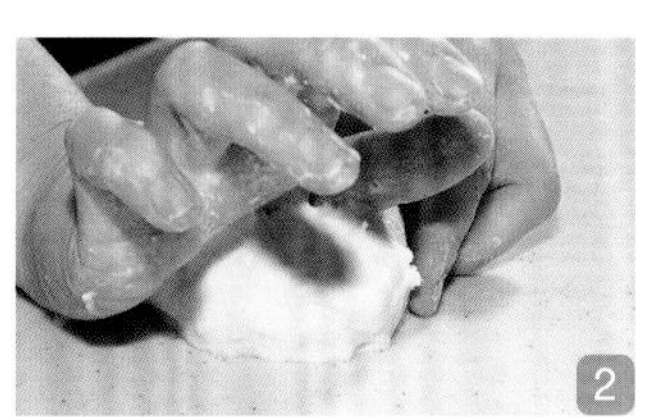

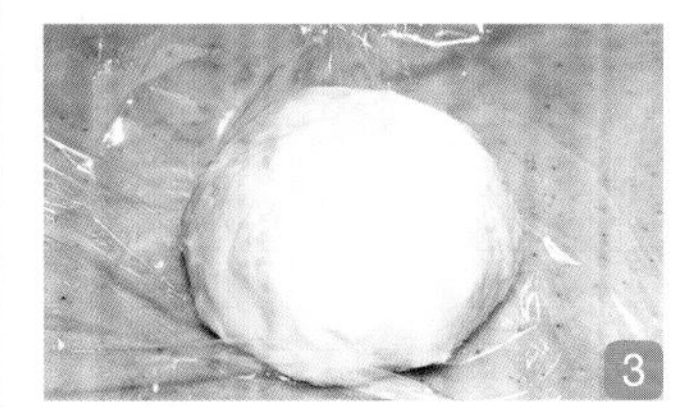

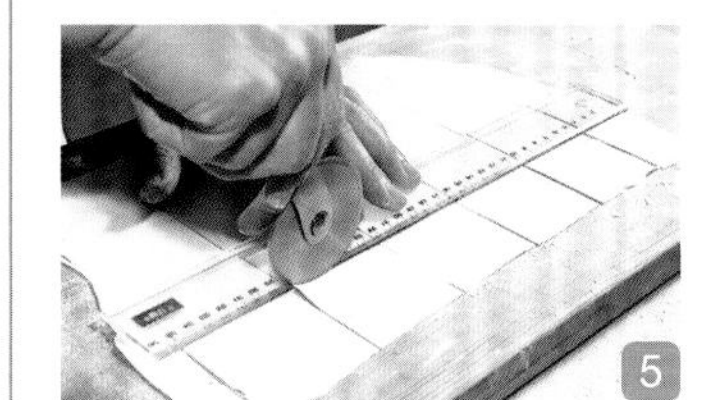

1 盆中放入高筋面粉、淀粉、水和盐，用筷子搅拌均匀。
2 将面团放到案板上揉光滑。用手掌揉面团。
3 面团揉好后包上保鲜膜，常温静置20分钟以上。
4 在案板上撒少许面粉，将面团擀成约2mm厚的片。
5 将面片分成7cm见方的小方形面皮。用尺子测量更准确。

1 虾去除虾线和壳，加盐和淀粉揉搓，用水洗净后沥干水分。虾壳做汤，留出备用。

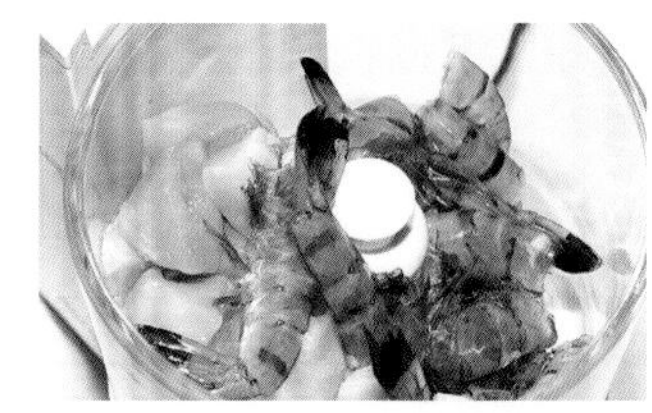

2 制作虾肉清汤。在搅拌机中放入虾壳、切块的鸡胸肉、姜、葱和蛋清，搅拌均匀。

3 搅拌后倒入锅中，加水、粗盐和黑胡椒，大火加热至75℃，不停从锅底向上翻拌。

4 开始冒蒸气时停止搅拌，小火保持汤微微沸腾，煮约30分钟。

5 将汤倒入铺有过滤纸的过滤网中过滤。如果有杂质，汤会变得混浊。

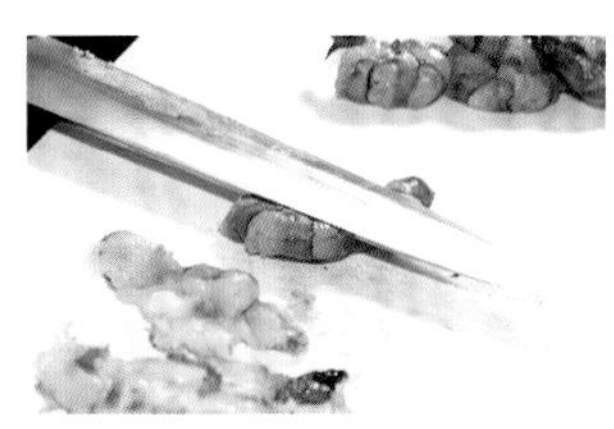

6 制作云吞馅。将虾轻轻压碎。用中式菜刀更容易压碎。

7 将葱白、竹笋、姜切碎。

8 将步骤6和7中的材料放入盆中，加香油、盐、白酒和黑胡椒，搅拌出黏性。用手朝同一方向搅拌。

9 在云吞皮上放1小勺肉馅。馅放太多会溢出，太少则口感不好。

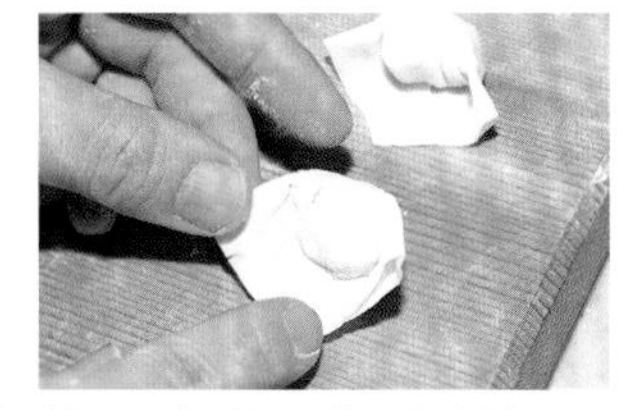

10 将云吞皮对折，然后牢牢粘好。

11 煮一锅开水，放入云吞，当云吞漂浮起来后即可捞出。

12 将芥蓝放入加粗盐的开水中焯熟。先放根部，然后再放叶子。焯熟后放在过滤网上冷却。

13 木耳去蒂，放入水中浸泡15分钟。

14 将芥蓝切成4cm左右的段，木耳切小朵，葱白切成长5cm的葱丝。

15 在步骤5的汤中放入木耳，迅速焯一下。

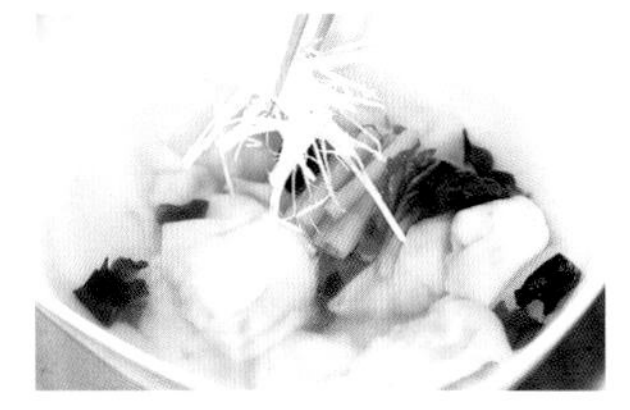

16 将云吞盛到碗中，将带有木耳的汤倒入其中，放入葱丝和芥蓝。

云吞的2种包法

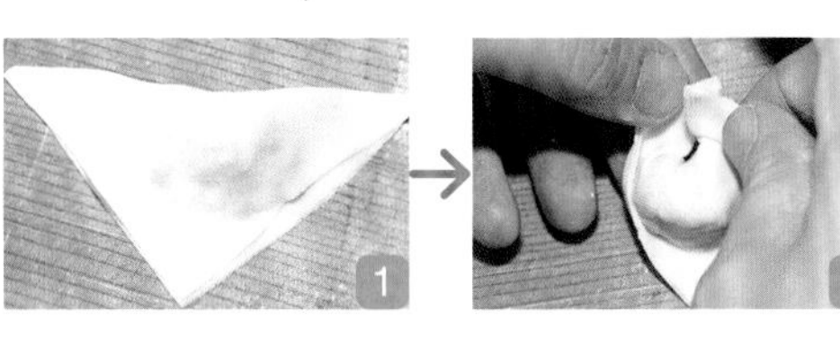

将馅放在云吞皮中间，对折成三角形。顶角朝下，将左右2个角粘在一起，使劲按压、固定。

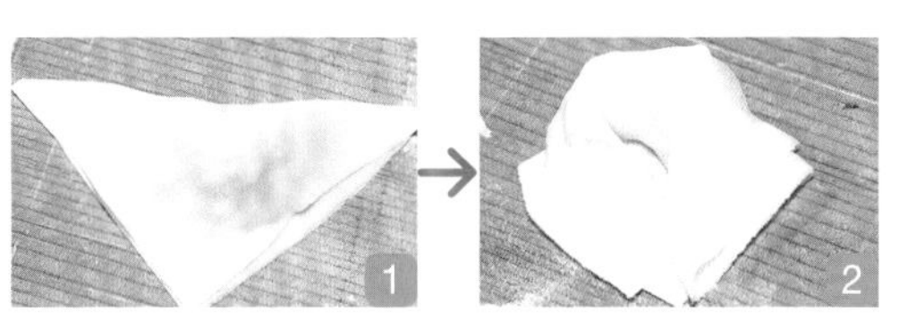

将馅放在云吞皮中间，对折成三角形。顶角朝下，将左右2个角和顶角粘在一起，使劲按压、固定。

专栏16

多种多样的云吞馅

只要将食材进行组合变化，就能做出几十种不同的馅料

蘑菇+鸡肉馅+大葱

将蘑菇和大葱切碎，与鸡肉馅一起搅拌均匀。

虾+圆白菜+杏鲍菇+大葱+西芹

虾去虾线和壳，切小丁，其他材料全部切碎，搅拌均匀。

猪肉馅+姜+蒜+洋葱

姜、蒜和洋葱切碎，与猪肉馅一起搅拌均匀。

墨鱼+香葱+松仁+姜+白菜

墨鱼只取爪，切小丁，香葱切粒，姜和白菜切碎，搅拌均匀。

变化丰富的云吞馅

云吞是广东地区的一种小吃，广东的云吞汤不勾芡，大多用鸡清汤作为底汤。云吞是广东话的叫法，普通话称之为馄饨。据说“乌冬”是从“馄饨”一词发展而来的。

如果在家做云吞，可以随意搭配馅料，别有乐趣。也可以作为饺子馅，用饺子皮包成饺子。

如果云吞馅有剩余，可以做成肉丸子汤，或放在盘中，包上保鲜膜冷冻保存两到三周。当你为吃什么而发愁时，可以马上把它拿出来制作，非常方便。

第三章

汤的变化

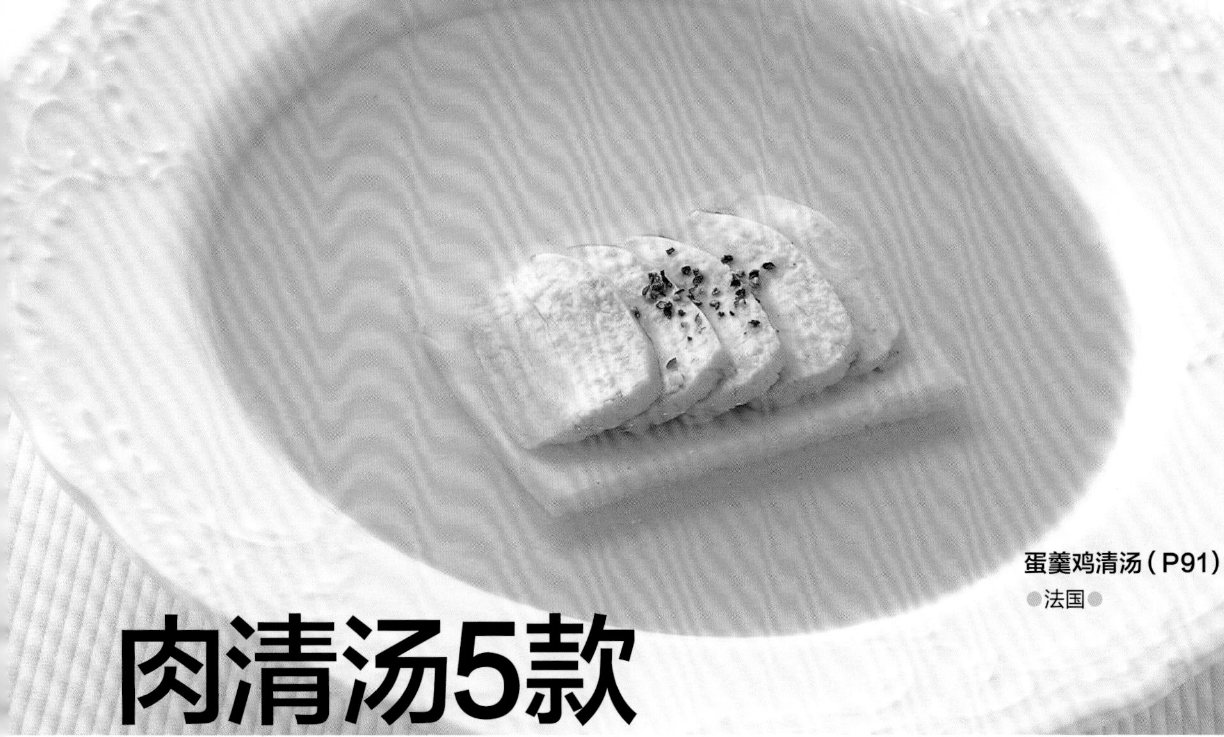

蛋羹鸡清汤（P91）

●法国●

肉清汤5款

汤色清澈的肉汤，
搭配任何配菜都很赏心悦目

番茄肉冻（P92）

●法国●

蛋羹鸡清汤

材料（2人份）

鸡胸肉200g
洋葱1/4个（50g）
胡萝卜1/6根（30g）
西芹1/5根（20g）
番茄酱30mL
蛋清70g
鸡高汤1L
欧芹茎1根
百里香、月桂叶、盐、黑胡椒各适量

蛋羹

鸡蛋1个（60g）
牛奶3大勺
鸡高汤3大勺

Point

要用小火蒸蛋羹，避免出现气孔。

用时 1小时50分钟

1 将150g鸡胸肉切块，洋葱、胡萝卜、西芹切薄片。

2 将鸡肉块和番茄酱放入搅拌机中搅拌成泥。

3 搅拌过程中当鸡肉块变成肉碎时，加入步骤1中的蔬菜、蛋清、欧芹茎、百里香和月桂叶，继续搅拌。

4 将搅拌好的食材放入锅中，倒入鸡高汤，开火加热并不停搅拌至温度达到75℃。蛋清凝固后在上面戳2个孔。

5 小火炖煮约60分钟。汤变清后，将其倒入铺有过滤纸的过滤网中过滤，并撇去表面的油脂。

6 在食材中加适量水，加热约15分钟，二次提取清汤。

7 将第二次提取的清汤倒入锅中煮沸，放入剩下的50g鸡胸肉，鸡肉煮熟后切薄片。

8 将制作蛋羹的材料放入锅中，加盐和黑胡椒搅拌均匀。过滤后放入蒸锅，小火蒸10分钟。

9 将蒸好的蛋羹分成4等份。

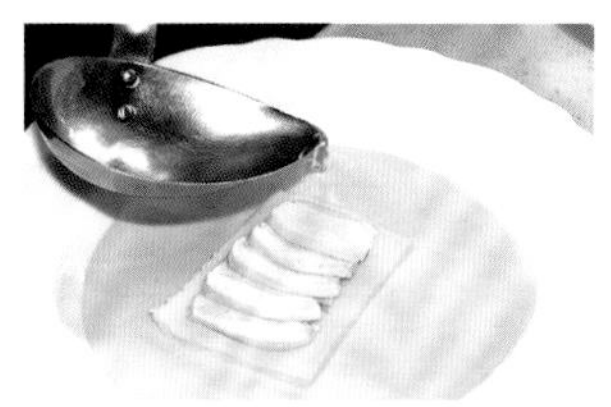

10 将蛋羹盛盘，放上步骤7中切好的鸡肉，将步骤5中过滤出的清汤加热后慢慢倒入，撒黑胡椒即可。

番茄肉冻

材料（2人份）
熟番茄4个（600g）
明胶约7g
盐适量

配菜
秋葵2根（15g）
玉米笋2根（15g）
小番茄2个（100g）
芜菁1/2个（50g）
芒果1/4个（75g）
生火腿2片（15g）
虾2只（60g）

装饰
酸奶油1大勺
茴香少许

※ 明胶和水的比例为1：50

Point

明胶的用量要和汤的量相匹配。

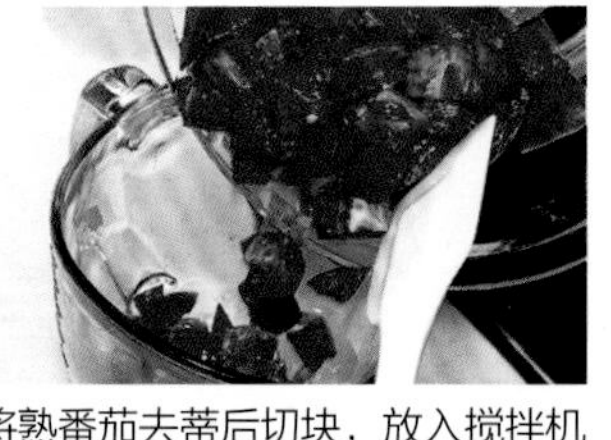

1 将熟番茄去蒂后切块，放入搅拌机中搅拌。

2 将铺好过滤纸的漏斗和过滤网重叠放在碗上，倒入搅拌后的番茄汁。

3 将过滤出的汤汁再次过滤，当汤汁透明时覆盖保鲜膜，放入冰箱静置三四个小时。

4 准备出350mL过滤好的番茄汁。用冰水浸泡明胶，明胶变软后，隔水蒸化。

5 明胶化开后，将准备好的番茄汁慢慢加入其中，搅拌均匀后加盐调味。将盛有明胶的容器放在冰水中，冷却、凝固。

6 芜菁切半月形，虾去壳、去虾线，与秋葵、玉米笋一起放入盐水中焯熟，冷却。小番茄用热水烫一下。

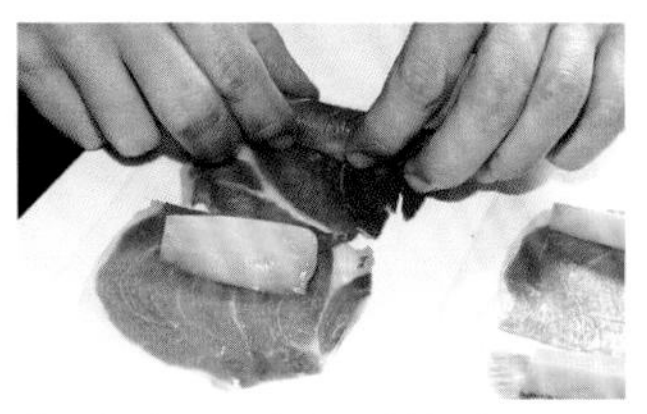

7 芒果切条，用生火腿片包裹。

8 当材料冷却后盛盘，倒入凝固的明胶，在旁边放酸奶油和茴香装饰。

错误！
番茄汁变混浊

过滤番茄汁时，如果用铲子按压，过滤出的汤汁就会混浊，料理完成后会不好看。

不要使用铲子等按压。

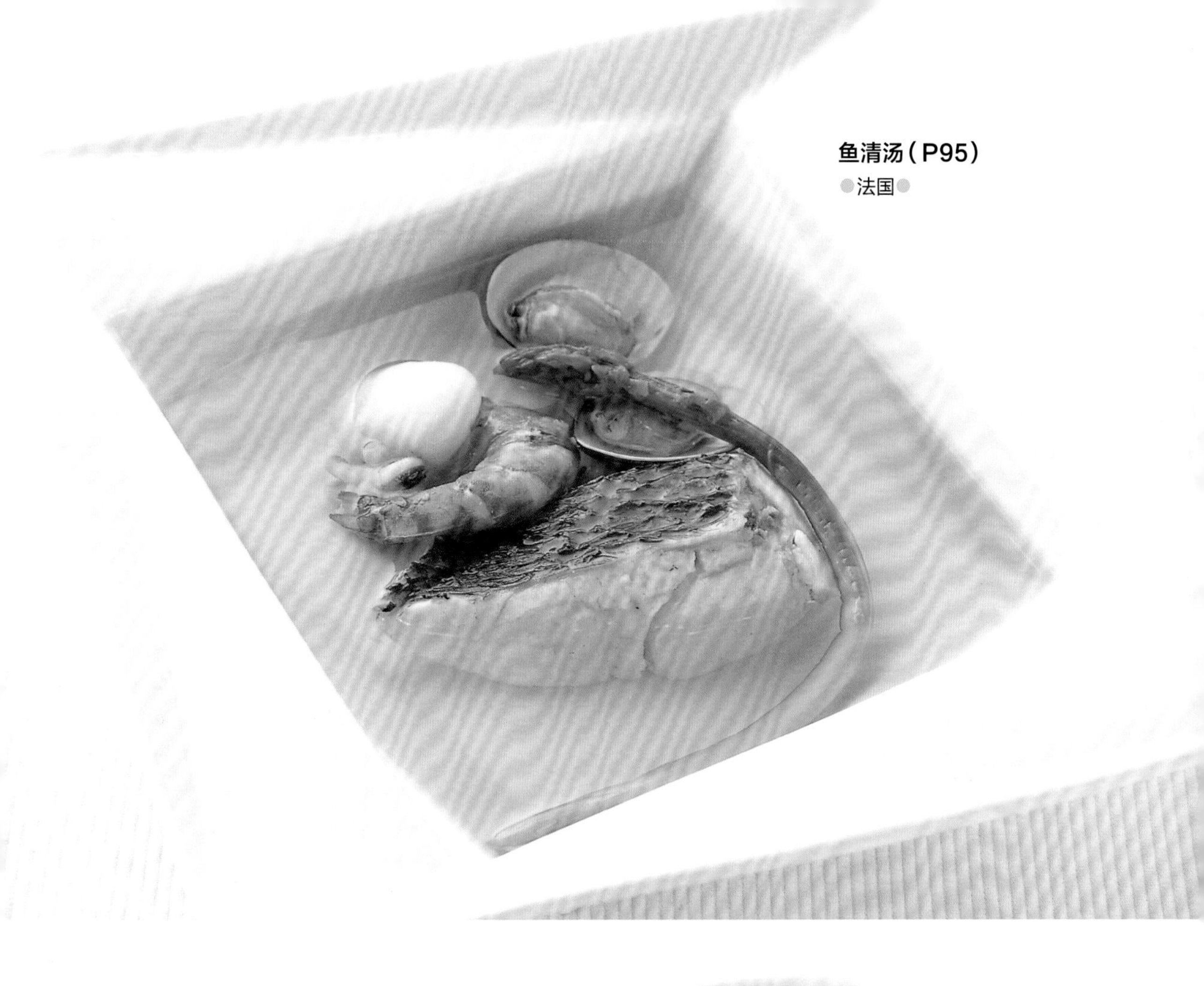

鱼清汤（P95）

●法国●

清炖肉汤（P94）

●中国●

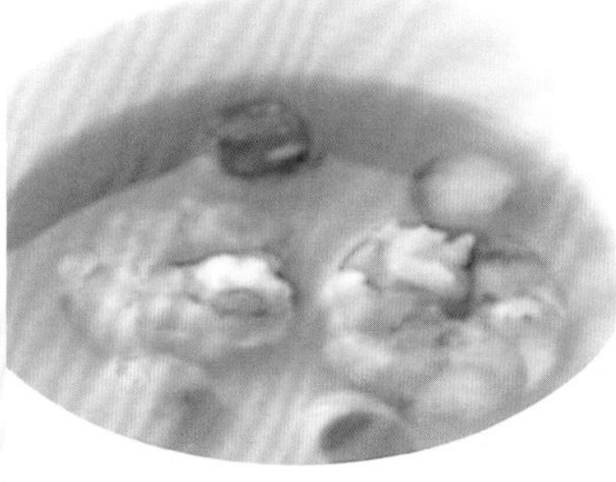

清蒸虾仁汤（P95）

●中国●

清炖肉汤

材料（2人份）

鸡清汤（见P19）600mL

配菜

鸡胸肉50g
金华火腿25g
竹笋1/4个（50g）
嫩豆腐1/6块（50g）
鸡蛋1个（60g）
香菇2个
盐适量

Point

香菇去蒂后再浸泡。

用时
50分钟
※ 不包括香菇浸泡时间

1 香菇提前一天浸泡，竹笋、金华火腿切细丝。

2 锅中倒入200mL鸡清汤，加适量盐，将鸡胸肉煮熟。然后将鸡肉浸泡在汤中，慢慢冷却。

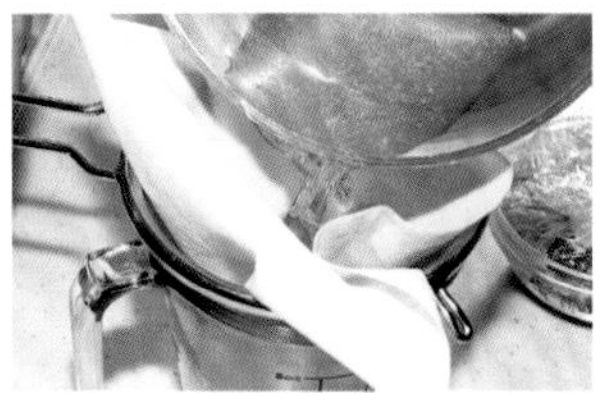

3 取出鸡肉，汤倒入铺有过滤纸的过滤网中过滤。将汤倒入锅中，加盐调味。

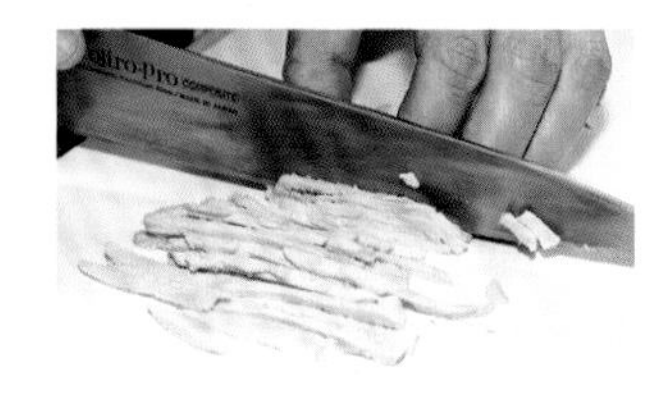

4 鸡肉切细丝。

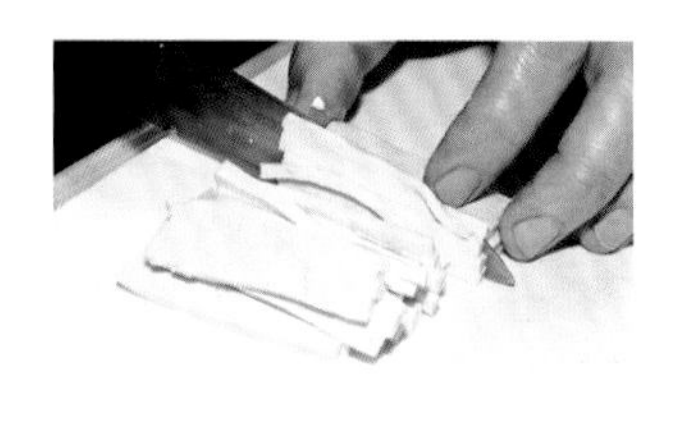

5 嫩豆腐切细丝。如果嫩豆腐过软，可以用过滤纸包裹后控出多余水分。

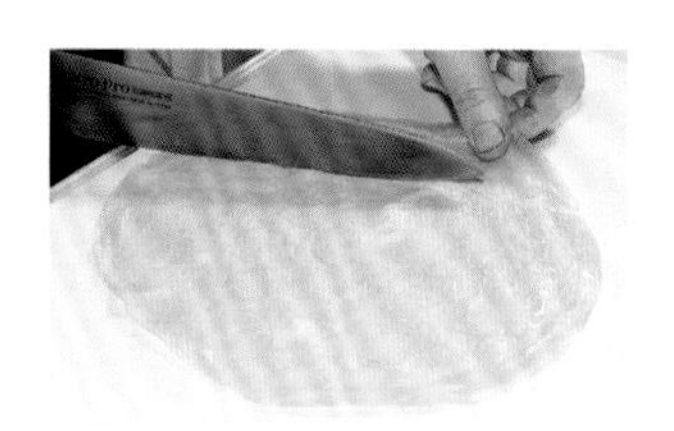

6 鸡蛋打散后加盐，煎成蛋皮，放在案板上冷却。

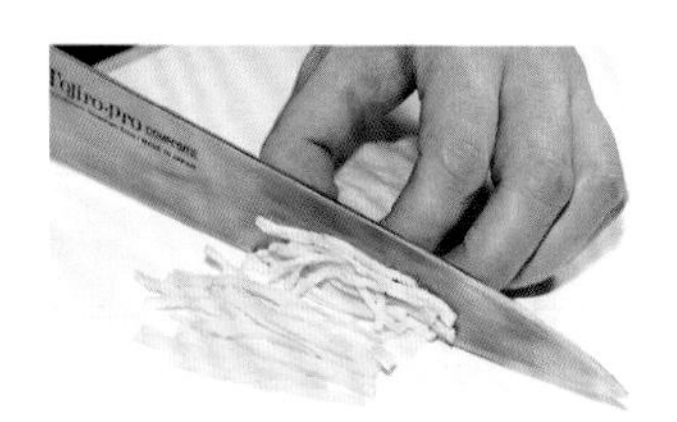

7 将蛋皮切细丝。

8 在保鲜膜上铺上泡好的香菇，然后将切成细丝的材料依次呈放射状摆在上面。

9 放入圆形耐热容器中，放入剩余配菜，倒入1大勺步骤3中的汤汁，放入蒸锅蒸15分钟。

10 蒸好后将容器倒扣装盘，整理好造型，在周围倒入加热的鸡清汤。

鱼清汤

材料（2人份）
白身鱼块200g
Ⓐ 洋葱1/4个（50g）
胡萝卜1/5根（30g）
西芹1/5根（20g）
韭葱1/10根（20g）
番茄2/3个（80g）
蛋清70g
白葡萄酒2大勺
鱼高汤1.2L
Ⓑ 欧芹茎1根
百里香、月桂叶各适量
盐、黑胡椒各适量

配菜
虾2只（60g）
墨斗鱼2只（50g）
白身鱼肉100g
文蛤4个（120g）
芦笋2根（40g）

1 将材料Ⓐ全部切薄片，番茄切块，鱼块剥掉鱼皮后切块，虾去虾线。

2 将鱼肉放入搅拌机搅拌，然后依次加入蔬菜、蛋清、白葡萄酒，继续搅拌。

3 锅中倒入鱼高汤，加入材料Ⓑ，煮开后放入所有配菜，煮熟后捞出。

4 锅中放入搅拌好的鱼肉和步骤3的高汤，加盐和黑胡椒，开火加热至75℃时改小火，继续炖煮30分钟。然后倒入铺好过滤纸的过滤网中过滤。

Point

鱼贝类食材不要煮得过久。

用时
50分钟

5 将煮好的配菜装盘，慢慢倒入过滤好的汤汁即可。

清蒸虾仁汤

材料（2人份）
虾肉清汤（见P86）300mL
虾4只（120g）
黄瓜2/5根（40g）
白酒1/3小勺
水淀粉、盐、黑胡椒各适量

茶碗蒸
虾2只（50g）
鸡蛋1个（60g）
虾肉清汤1杯（200mL）

做法
❶ 虾去壳、去虾线。
❷ 将制作茶碗蒸的虾和鸡蛋放入搅拌机搅成肉泥，倒入虾肉清汤继续搅拌。
❸ 将步骤2中的食材过滤，倒入碗中至碗的1/2处，放入蒸锅蒸熟。
❹ 锅中倒入虾肉清汤，加盐和黑胡椒调味。
❺ 倒入白酒，加入蒸好的虾、削成圆柱形的黄瓜，稍煮片刻，用水淀粉勾芡。
❻ 在蒸好的茶碗蒸上放虾和黄瓜装饰，倒入汤汁。

用布将锅盖包住，就不会有水滴进碗里。

慢慢将材料放入茶碗蒸，不要破坏形状。

牛肉土豆炖汤（P97）

●匈牙利●

炖汤4款

可以成为餐桌的主角，分量十足

猪肉蔬菜炖汤（P98）

●德国●

牛肉土豆炖汤

材料（2人份）
洋葱3/4个（150g）
茴香子1/3小勺
辣椒粉1/2大勺
红葡萄酒100mL
水煮番茄汁150g
小牛高汤100mL
牛肉高汤2杯（400mL）
猪油2大勺
黄油5g
蒜1/2瓣（5g）
盐、黑胡椒各适量
牛肩肉300g

土豆丸
土豆1个（150g）
高筋面粉25g
鸡蛋1/4个（15g）
法式面包1片（1.5cm厚）
欧芹碎1小勺
肉豆蔻粉适量
黄油15g
色拉油1大勺

装饰
茴香少许

Point

将粘在锅底的油脂充分溶解。

1 将蒜、洋葱切碎，牛肩肉去除油脂后切成2.5cm见方的块，土豆在水中煮一下。

2 将法式面包切成5mm见方的丁。

3 锅中倒入1大勺猪油，加热后放入撒过盐和黑胡椒的牛肉块，煎至焦黄色后盛出。

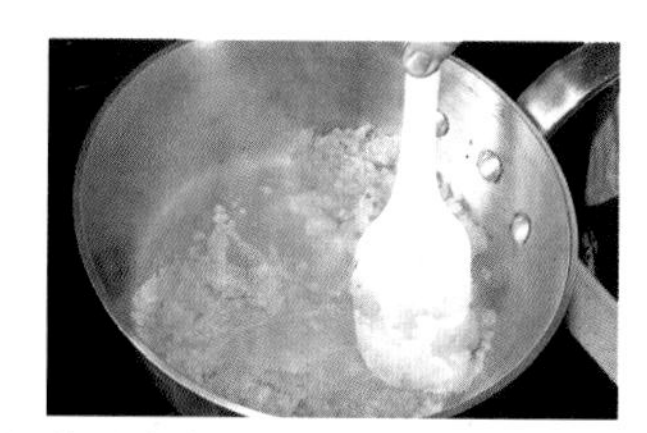

4 将剩余猪油和黄油放入锅中，放入蒜碎炒出香味，然后放入洋葱碎翻炒，加茴香子和辣椒粉。

5 调味料炒出香味后倒入红葡萄酒、小牛高汤、水煮番茄汁和牛肉高汤。

6 锅底的材料溶解后放入煎好的牛肉块，小火炖煮约2.5小时（高压锅约25分钟）至牛肉软烂。

7 在另一煎锅中放入黄油和色拉油，加热后放入面包丁，煎至金黄色后滤油。

8 将煮好的土豆去皮，切碎后冷却。

9 在土豆泥中加入盐、黑胡椒、高筋面粉、鸡蛋、肉豆蔻粉和欧芹碎，搅拌均匀，分成10份，做成直径3cm的土豆丸子。

10 将土豆丸子放入热水中煮两三分钟，浮起后捞出。也可以用黄油炸一下。将步骤6炖好的牛肉汤和土豆丸子盛入盘中，放茴香装饰。

猪肉蔬菜炖汤

材料（2人份）

猪肉片120g
洋葱1/2个（100g）
土豆2个（160g）
蘑菇2个（15g）
苹果1/4个（75g）
鸡高汤300mL
牛奶100mL
伍斯特郡酱1大勺
黄油10g
盐、黑胡椒各适量

黄油面酱

黄油40g
面粉3大勺

装饰

欧芹碎1/2大勺
土豆煎饼4个

Point

黄油面酱可以让汤散发出浓郁的香味。

用时
40分钟

1 将洋葱、土豆、蘑菇和苹果切成5mm厚的片，土豆片浸泡入水中。猪肉片切成适当大小。

2 制作黄油面酱。锅中放入黄油，加热化开后放入面粉，翻炒至褐色。

3 在煎锅中放入黄油，然后放入洋葱和盐翻炒至洋葱变软且有甜味。

4 将猪肉片依次放入锅中。

5 猪肉片炒熟后，放入土豆片和苹果片翻炒。

6 加盐和黑胡椒调味，放入蘑菇片继续翻炒。

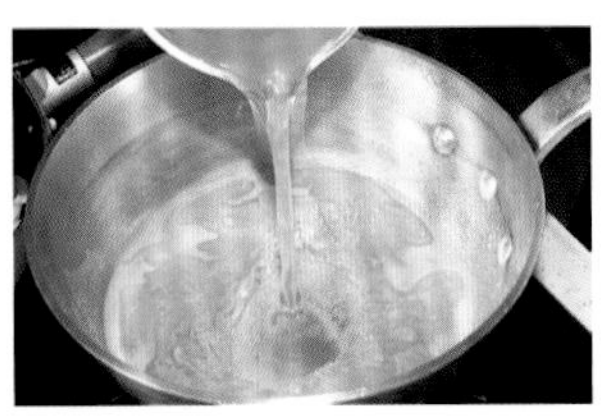

7 黄油面酱变成褐色时，加入鸡高汤，用铲子将粘在锅底和侧面的黄油面酱铲下。

8 在黄油面酱中倒入牛奶，用搅拌器搅拌，放盐和黑胡椒调味。

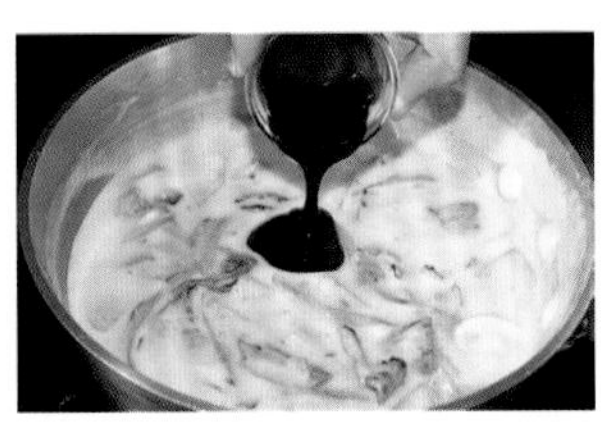

9 煮开后放入步骤6中炒好的食材，放入伍斯特郡酱，搅拌均匀。

10 将土豆煎饼炸成金黄色，放入汤中，撒欧芹碎装饰。

羊肉蔬菜炖汤（P100）

●爱尔兰●

鱼肉蔬菜炖汤（P101）

●法国●

羊肉蔬菜炖汤

材料（2人份）
仔羊肩肉500g
土豆2个（200g）
洋葱1个（200g）
胡萝卜1/2根（75g）
鸡清汤700mL
百里香、月桂叶、盐、黑胡椒各适量

装饰
欧芹少许
腌圆白菜120g

※ 如果用浓汤宝代替鸡清汤，用量减少一半。

Point

要将仔羊肩肉上的肥肉剔除干净。

用时
2小时40分钟

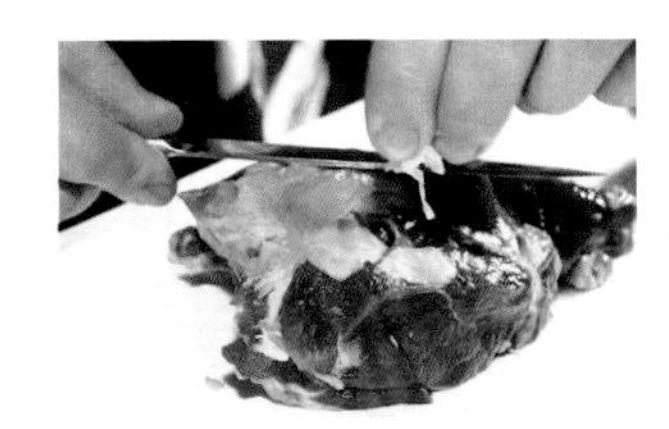

1 将仔羊肩肉上的肥肉剔除干净后，切成2.5cm见方的块。残留的肥肉会产生异味，汤表面会有油脂，汤色会变混浊。

2 将洋葱、胡萝卜、土豆切片，欧芹切碎。

3 在锅中依次放入一半的洋葱、胡萝卜、土豆和羊肉块，撒盐和黑胡椒。

4 然后再放入剩余的步骤3的材料。

5 将百里香和月桂叶撕碎，撒在羊肉上。

6 倒入鸡清汤，刚好没过食材即可。

7 开火炖煮，汤沸腾后撇去杂质。

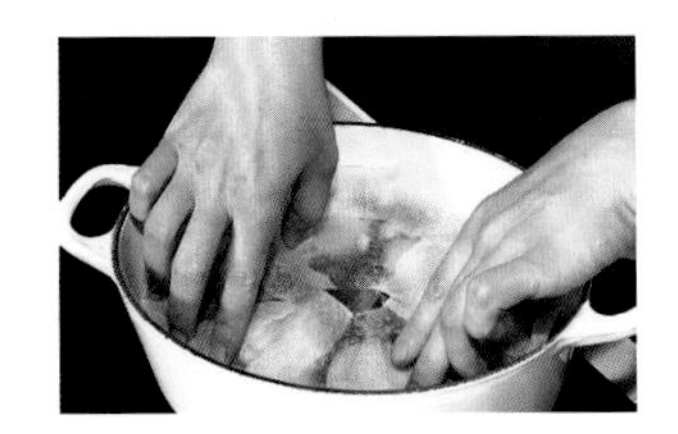

8 关火后将厨房纸巾剪成锅盖形状，盖在汤上。

9 盖上锅盖，将锅放入烤箱，160℃烤制约2小时。锅盖选择较重、密封性较好的。

10 烤好后撇去汤表面的油脂，盛出后放入腌圆白菜，撒欧芹碎装饰。

鱼肉蔬菜炖汤

材料（2人份）
鲷鱼块150g
扇贝肉2个（60g）
洋葱1/2个（100g）
菜花50g
西蓝花1/6棵（50g）
白葡萄酒50mL
牛奶300mL
鱼高汤1杯（200mL）
帕尔马奶酪2大勺
面粉3大勺
黄油50g
盐、黑胡椒各适量

配菜
薄饼2片
蛋液少许

Point

以牛奶作为底汤，应多放些盐。

用时
40分钟

1　将鲷鱼块切成适口小块，将扇贝肉切成两半，在鱼块和扇贝肉上撒盐和黑胡椒。洋葱切薄片。

2　菜花和西蓝花分成小朵，放入盐水中焯至竹签可以轻松扎透，捞出控干、冷却。

3　锅中放10g黄油，加热化开后放入洋葱翻炒，放入鱼肉块和扇贝肉，倒入白葡萄酒，盖上锅盖焖4分钟。

4　烤薄饼。在鱼形烘焙模具上撒少许面粉，将薄饼切成鱼形，放在铺有烘焙纸的烤盘上。

5　在薄饼上刷蛋液，用筷子或刀尖画出鱼的图案，放入烤箱，200℃烤15分钟。

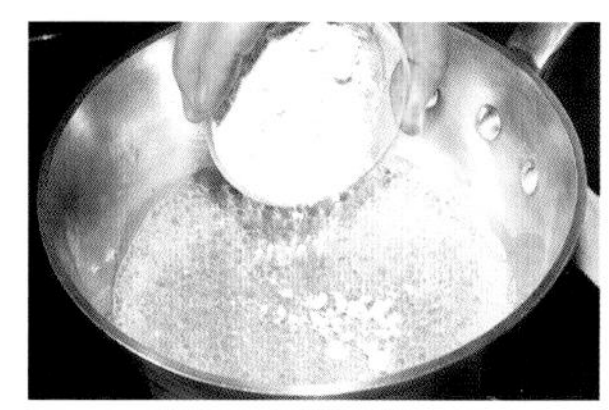

6　制作白色黄油面酱。锅中放入40g黄油，加热化开后放入面粉，搅拌成酱状。要用小火，以防黄油面酱变成褐色。

7　关火后倒入鱼高汤和牛奶，用铲子将粘在锅上的黄油面酱铲下，开中火，用搅拌器搅拌。

8　汤变浓稠时放入盐和黑胡椒调味，然后放入帕尔马奶酪。

9　将汤倒入步骤3的锅中。

10　加入菜花和西蓝花炖煮片刻，盛盘后搭配薄饼即可。

整烤番茄汤（P103）

意大利

番茄汤4款

浓缩太阳的恩惠，
勾起食欲的鲜红汤品

番茄胡萝卜汤（P103）

法国

整烤番茄汤

材料（2人份）
番茄2个（400g）
鸡高汤150mL
培根20g
盐、黑胡椒各适量
帕尔马奶酪1大勺

大蒜吐司
长面包30g
橄榄油2大勺
蒜1瓣（10g）

装饰
罗勒2片

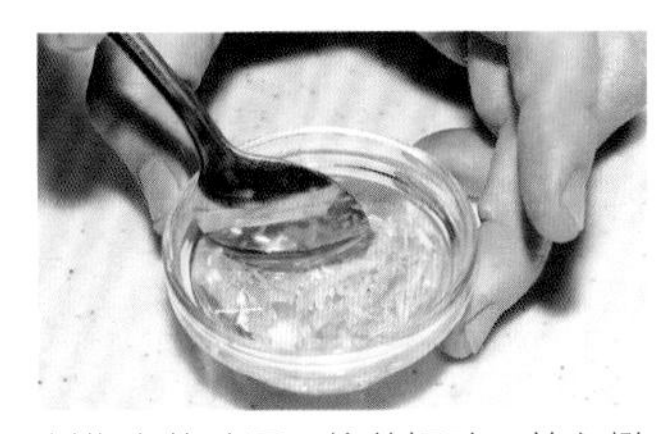

1 制作大蒜吐司。将蒜切碎，放入橄榄油中浸泡。

2 将蒜油涂抹在长面包上，放在铺有铝箔纸的烤盘中。剩余的蒜油备用。

3 将番茄蒂和周围硬的部分去掉，放入耐热容器中。

4 在容器中倒入鸡高汤，撒盐。在番茄切口处放上切成宽条的培根和帕尔马奶酪。

Point

将番茄蒂周围较硬的部分切除。

5 在番茄上淋蒜油，放入烤盘，入烤箱烤10分钟，烤好后放罗勒作装饰。

番茄胡萝卜汤

材料（2人份）
洋葱1/3个（60g）
胡萝卜1/2根（100g）
熟透的番茄1个（150g）
小茴香1小撮
鸡高汤2杯（400mL）
黄油10g
盐、黑胡椒各适量

装饰
罗勒适量
熟透的番茄适量

做法
1. 将洋葱和胡萝卜切薄片，番茄留一部分作装饰，其余切块。
2. 锅中放入黄油，加热化开后放洋葱、胡萝卜和盐翻炒，炒软后放入小茴香和番茄，翻炒至蔬菜软烂。
3. 倒入鸡高汤，加盐和黑胡椒。
4. 汤冷却后倒入搅拌机搅拌均匀，倒入过滤网过滤。
5. 盛出后放切成细丝的罗勒和去皮、去子、切成半月形的番茄。

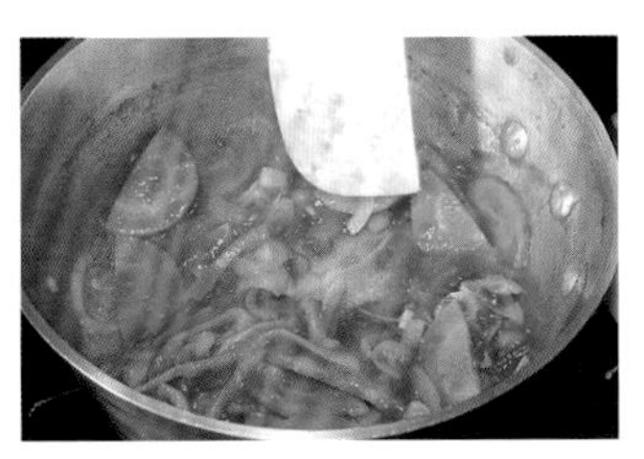

蔬菜炒至软烂更美味。

使用网眼较大的过滤网，确保汤的浓稠度。

烤什锦蔬菜番茄汤（P105）
意大利

浓香番茄汤（P106）
土耳其

烤什锦蔬菜番茄汤

材料（2人份）
番茄4个（400g）
洋葱1/3个（60g）
胡萝卜1/4根（40g）
长茄子1/2根（30g）
红椒1/3个（50g）
西葫芦1/5根（30g）
鸡高汤200mL
蒜1瓣（10g）
百里香1枝
橄榄油2大勺
盐、黑胡椒各适量

装饰
罗勒叶2片
初榨橄榄油2大勺

Point

使用网眼较大的过滤网过滤，汤成品更浓稠。

用时
50分钟

1 番茄去蒂，蒜切碎，洋葱、胡萝卜、长茄子、红椒、西葫芦切块。

2 在蔬菜上淋橄榄油，撒盐、黑胡椒和百里香，放在铺有烘焙纸的烤盘上，放入烤箱，170℃烤30分钟。

3 从烤好的蔬菜中选一些外形较好的作装饰。番茄去皮，切小块。

4 将剩余蔬菜和鸡高汤放入搅拌机，搅拌15秒。

5 将搅拌好的食材倒入过滤网，用铲子按压、过滤。不要用漏斗。

6 将过滤后的汤汁倒入锅中加热，加盐和黑胡椒调味。

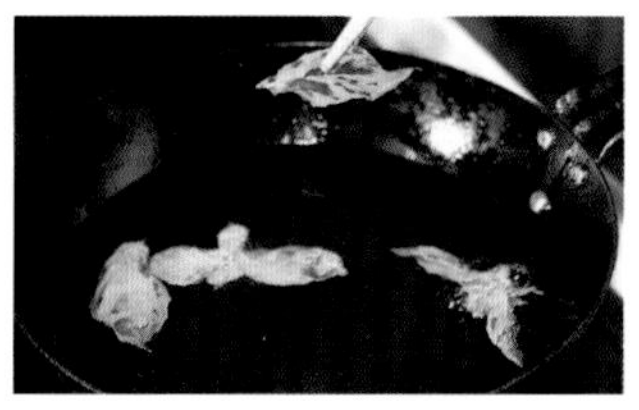

7 将罗勒叶在170℃的油中炸一下，不再有泡沫出现时捞出。

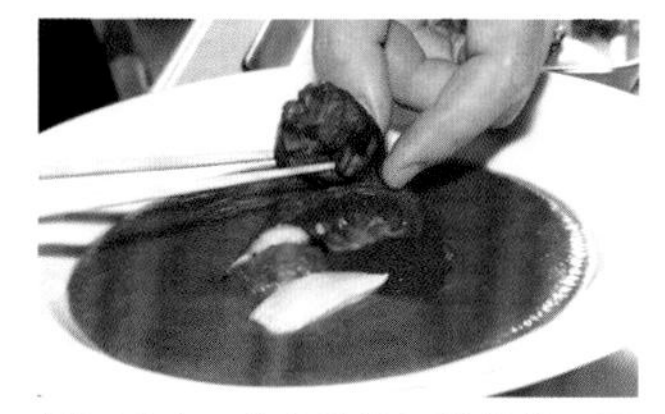

8 将汤盛盘，放上装饰用的蔬菜和罗勒叶，滴上橄榄油。

Point

如何炸出漂亮的罗勒叶

如果罗勒叶直接放入热油中会炸焦，应先掐下一段放入油中试一下，确认好油温，再将罗勒叶放入油锅中。

如果油温过低，叶子会变软。

浓香番茄汤

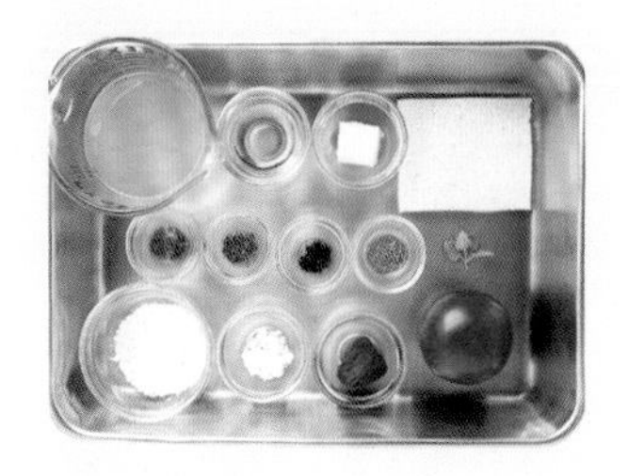

材料（2人份）

熟透的番茄1个（200g）
番茄酱15g
鸡高汤300mL
面粉10g
香料（薄荷、辣椒、龙蒿、百里香）各适量
黄油、白砂糖、盐、黑胡椒各适量

油炸面包

三明治用白面包片1片
橄榄油1大勺
黄油15g

装饰

薄荷叶适量
香料适量

Point

制作油炸面包用的白面包片放干后再切。

用时 30分钟

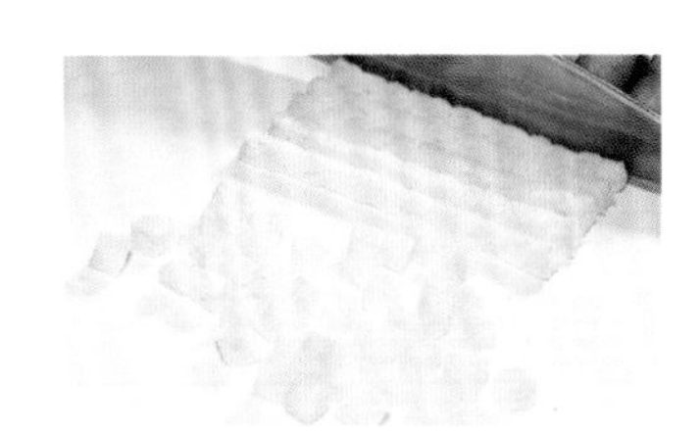

1 制作油炸面包。将放干或冷冻变硬的面包片切成小丁，煎锅中放入橄榄油和黄油，放入面包丁煎。

2 面包丁煎至金黄色后捞出控油。
如果油较少，面包丁会煎得不均匀，要适当增补黄油。

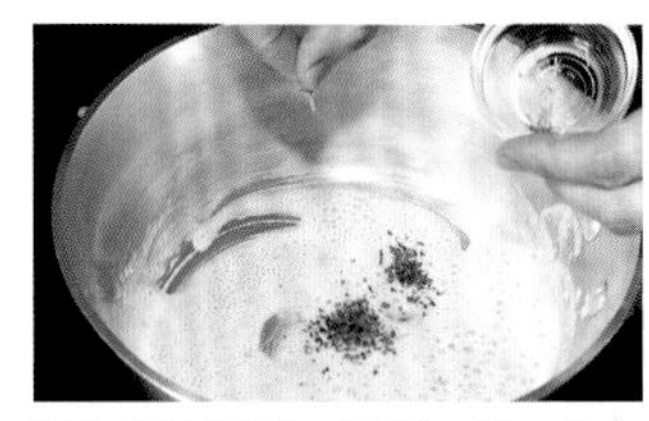

3 制作黄油面酱。另起一锅，放入10g黄油和面粉翻炒成黄油面酱，注意不要炒焦。香料各分别加入1小撮，继续翻炒。

4 番茄切块，和番茄酱、鸡高汤一起放入黄油面酱中，加盐和黑胡椒调味，继续炖煮15分钟。

5 将锅放入冷水中冷却。

6 将冷却的食材倒入搅拌机中搅拌15秒。

7 将搅拌好的食材倒入过滤网，用铲子按压，过滤到锅中。

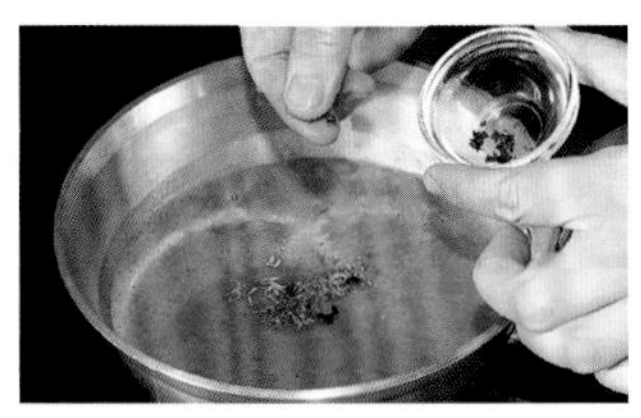

8 开火，放入香料、盐、黑胡椒、黄油和白砂糖。盛出后放油炸面包、香料和薄荷叶装饰。

错误！油炸面包的白面包变碎

如果直接切，面包就会变碎，炸出来不成形。应将面包放干或冷冻变硬后再切，这样切出来的面包丁就不会变碎了。

左边是错误例子，右边是冷冻后切出来的面包丁。

专栏17

用制作番茄肉冻剩余的材料制作番茄沙司

将制作肉冻用的肉汤和番茄肉组合，又是一道料理

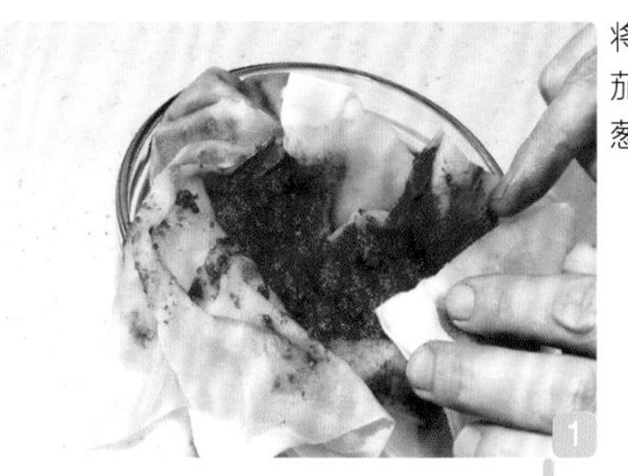

将过滤纸上剩余的番茄肉放到容器里，洋葱和蒜切碎。

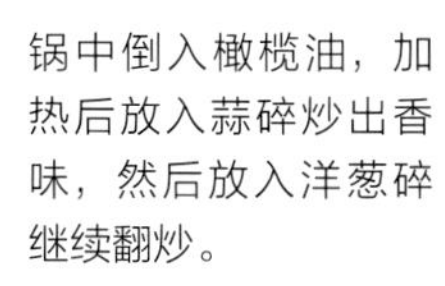

锅中倒入橄榄油，加热后放入蒜碎炒出香味，然后放入洋葱碎继续翻炒。

放入番茄肉，如果有剩余的番茄汁也一起放入锅中，煮约15分钟。

加盐和黑胡椒调味。

如何保存番茄沙司

用有盖子的密封容器或带拉链的袋子保存。冷藏可以保存四五天，冷冻可保存一两个月。

省去切番茄的步骤，制作简单方便的番茄沙司

第92页番茄肉冻的做法中，用过滤网将番茄过滤后，剩余的番茄肉可以用来制作番茄沙司。

先将蒜和洋葱放入锅中翻炒，然后加入剩余的番茄肉炖煮即可。如果加入胡萝卜或西芹等香味蔬菜，或加入培根一起翻炒，番茄沙司会更加浓郁。如果喜欢吃辣，可以加入辣椒，做成辣味番茄沙司。

做好的番茄沙司用途广泛，可以拌意大利面或搭配肉和鱼料理，也可以涂抹在面包上。

番茄做成沙司后很容易保存，放在储存容器中，冷藏保存四五天，冷冻可保存一两个月。

菜花芜菁浓汤（P109）

●法国●

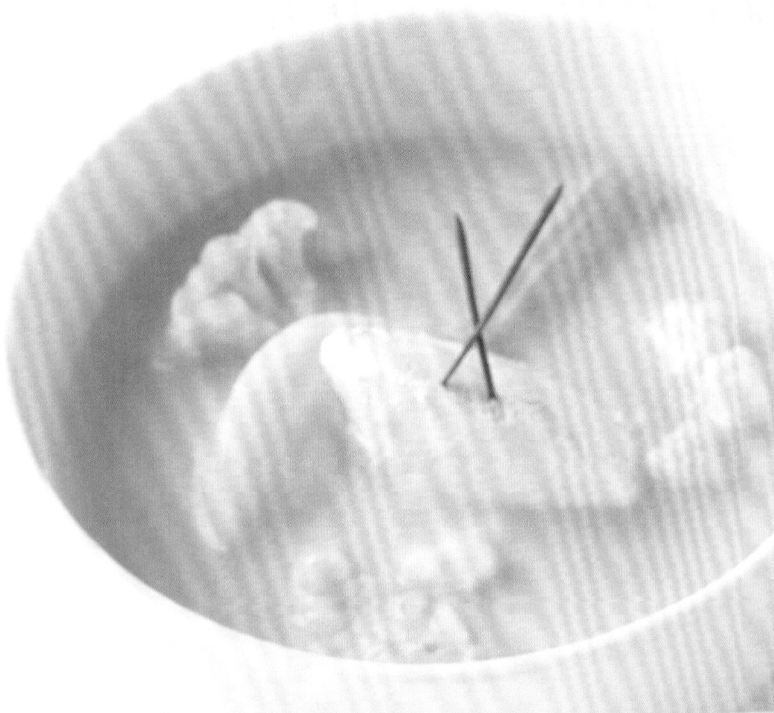

浓汤10款

基础汤，变化丰富多样

芦笋浓汤（P109）

●法国●

菜花芜菁浓汤

材料（2人份）

洋葱1/4个（50g）
菜花1/6棵（100g）
芜菁1个（100g）
鸡高汤500mL
奶油奶酪50g、黄油10g
盐、黑胡椒各适量

装饰

香葱2根、奶油奶酪20g
带茎芜菁1/2个（50g）
菜花20g、黄油少许

用时 35分钟

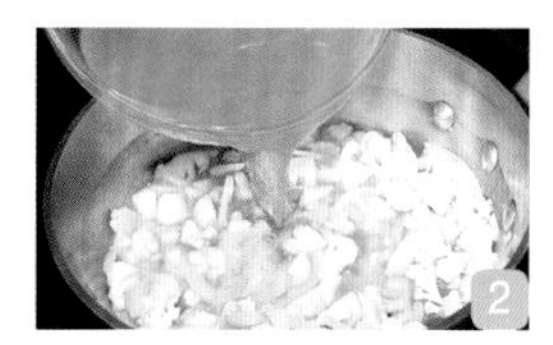

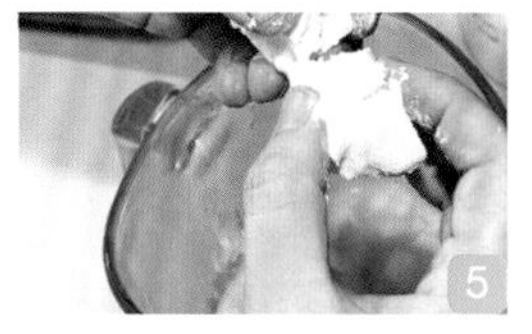
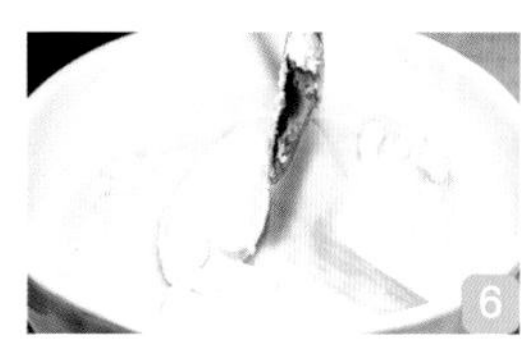

1 将洋葱切细丝，芜菁、菜花切小块。将装饰用的带茎芜菁去皮后切成半月形，菜花掰小块。
2 锅中放入黄油，加热化开后放洋葱丝、芜菁块和菜花块，小火翻炒。倒入鸡高汤，放盐和黑胡椒，炖煮约15分钟。
3 将装饰用的菜花和芜菁块用盐水焯熟。
4 在少量热水中加入黄油、盐和黑胡椒，化开后将焯熟的菜花和芜菁块放入，浸泡。
5 将步骤2中的材料冷却后倒入搅拌机，加入奶油奶酪，搅拌均匀。
6 将搅拌好的材料倒回锅中加热，盛出后放上步骤4的装饰材料和香葱、奶油奶酪。

芦笋浓汤

材料（2人份）

洋葱1/3个（60g）
大葱（或韭葱）1根（60g）
土豆2/5个（60g）
芦笋15根（150g）
鸡高汤2杯（400mL）
牛奶100mL、鲜奶油60mL
黄油10g、盐、黑胡椒各适量

装饰

芦笋尖4个
扇贝肉1个（40g）
虾（黑虎虾）2只（60g）
鲜奶油少许、黄油5g

用时 40分钟

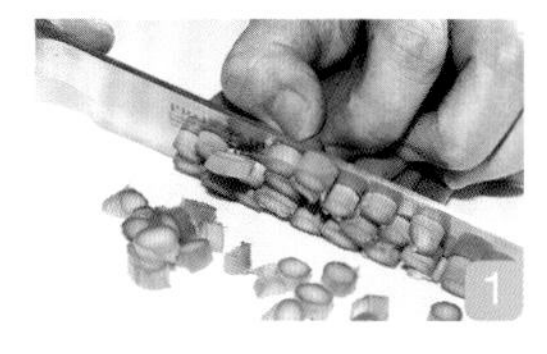

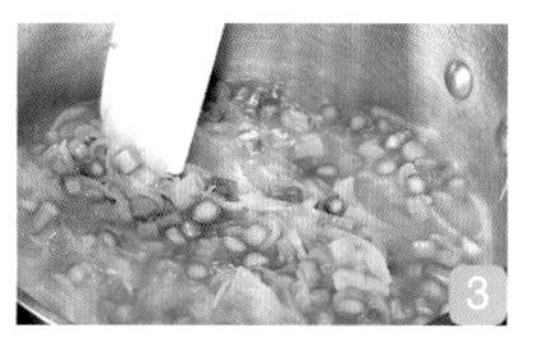

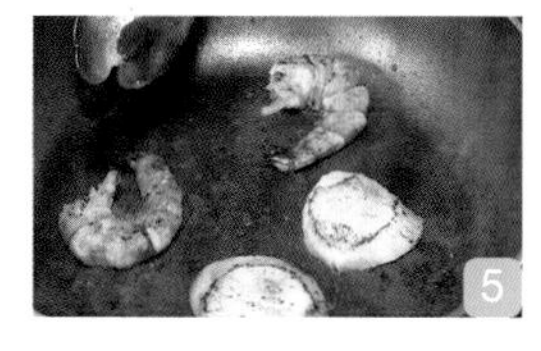

1 将芦笋较硬的根部切掉，茎部切小块，挑出4个芦笋尖焯水，用作装饰。
2 大葱切小块，洋葱、土豆去皮、切薄片。
3 锅中放入黄油，加热化开后放入步骤2的材料翻炒，倒入鸡高汤，撒盐和黑胡椒，煮10分钟后加入芦笋段，继续煮4分钟。
4 虾去壳和虾线，扇贝肉去除白色部分后切成2片。将虾和扇贝肉放在盘子上，撒盐和黑胡椒。
5 煎锅中放入装饰用黄油，加热后放入虾和扇贝肉，煎成金黄色。
6 将步骤3中的材料冷却，倒入搅拌机，加入鲜奶油和牛奶，搅拌均匀后过滤，放上步骤5的材料、芦笋尖和鲜奶油装饰。

核桃浓汤（P111）

●法国●

胡萝卜浓汤（P112）

●法国●

核桃浓汤

材料（2人份）

带薄皮核桃150g、鸡高汤2杯（400mL）
牛奶75mL、鲜奶油75mL
核桃油（或橄榄油）1大勺
盐、黑胡椒各适量

装饰

核桃6个、核桃油1小勺

1 锅中倒入水，煮沸后将核桃放入锅中，煮三四分钟后捞出，放入水中。

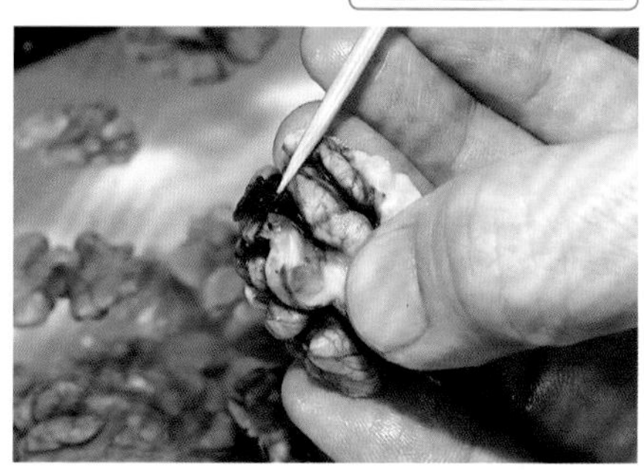

2 用竹签将核桃上的硬皮去掉。

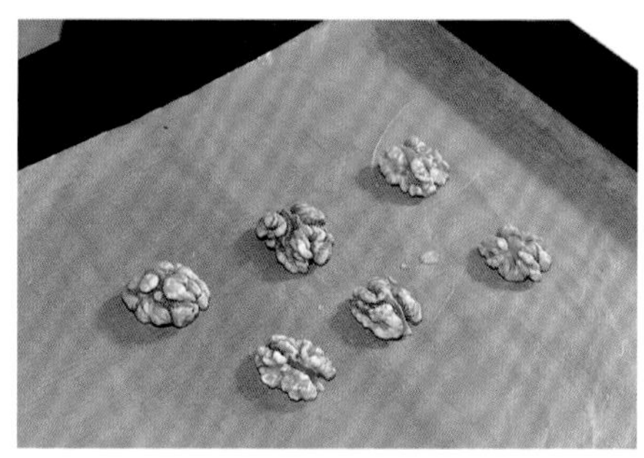

3 挑出6个核桃，用烤箱烘烤上色，用于装饰。其余的切块。

4 锅中倒入核桃油，加热后放入核桃块翻炒出香味，倒入鸡高汤，加盐和黑胡椒。

5 将步骤4中的材料倒入搅拌机，加鲜奶油和牛奶后搅拌均匀，倒回锅中加热。

6 将用于装饰的核桃切小块。汤盛入容器中，撒上核桃装饰，滴几滴核桃油。

胡萝卜浓汤

材料（2人份）
洋葱2/5个（80g）
胡萝卜3/4根（110g）
鸡高汤2杯（400mL）
香菜子4粒
橙汁50mL
百里香1/2枝
橄榄油2小勺
盐、黑胡椒各适量

装饰
橙子肉3瓣
细叶芹少许
胡萝卜少许
白砂糖1小勺
黄油5g

Point

蔬菜煮熟后再加入橙汁。

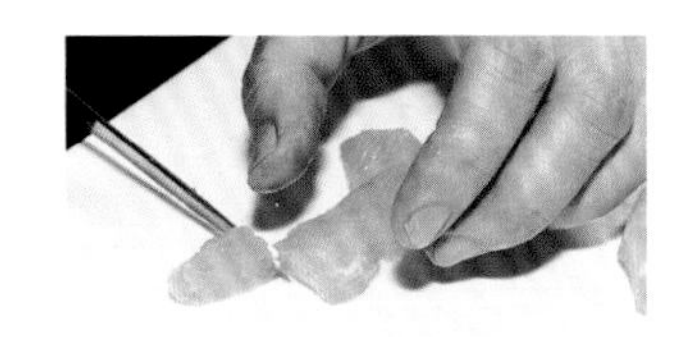

1 将橙子肉上的薄皮去掉，将果肉分成4等份。

2 将胡萝卜切成4根长约3cm的条，削去棱角，用作装饰。

3 将剩余的胡萝卜和洋葱切薄片，与步骤2中削去的胡萝卜碎放在一起。

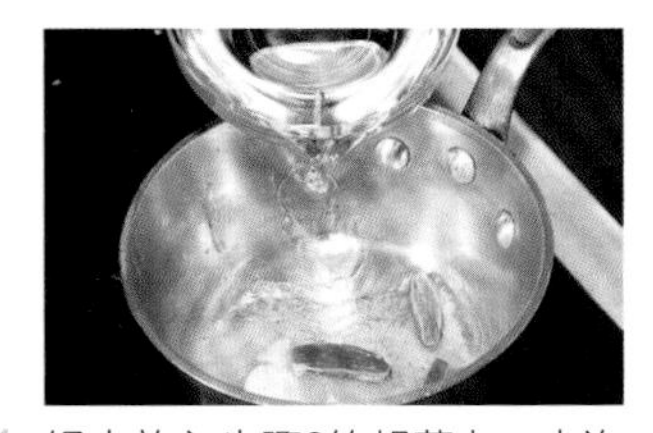

4 锅中放入步骤2的胡萝卜、少许水、黄油、白砂糖、盐和黑胡椒，开火，给胡萝卜裹上糖衣。

5 锅中倒入橄榄油，加热后放入洋葱翻炒至软烂。

6 加入胡萝卜片，炒软后放入香菜子和择下的百里香叶。

7 倒入鸡高汤，加盐和黑胡椒调味，炖煮约15分钟。

8 将汤倒入搅拌机中，加入橙汁，搅拌约30秒。

9 将搅匀的汤汁倒回锅中加热。

加入橙汁后加热会产生苦味，不宜长时间加热。

10 将汤盛出，放上裹上糖衣的胡萝卜和用微波炉稍加热的橙子肉，放细叶芹作装饰。

红辣椒浓汤（P114）

●法国●

芝麻豆腐浓汤（P114）

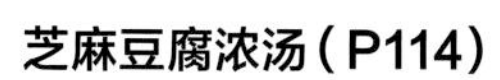

●日本●

南瓜浓汤（P115）

●法国●

红辣椒浓汤

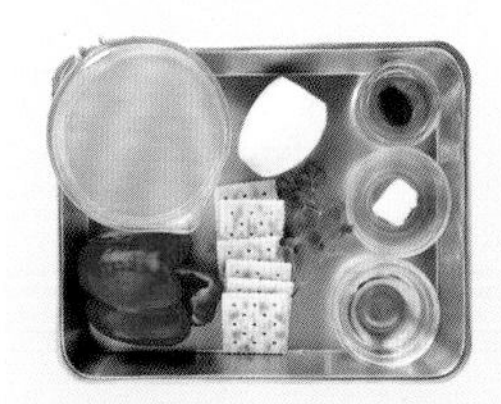

材料（2人份）
洋葱1/4个（50g）
红辣椒1/2个（100g）
鸡高汤500mL
苏打饼干4片
橄榄油1小勺、黄油5g
盐、黑胡椒各适量

装饰
红辣椒、洋葱各少许
苏打饼干2片
辣椒粉少许、欧芹少许

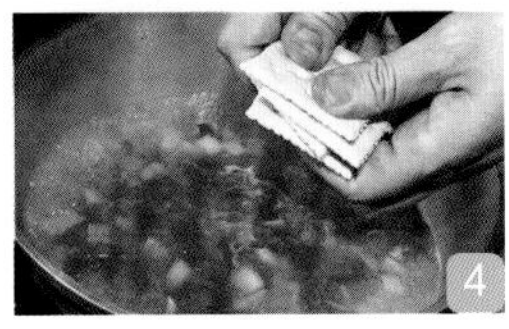

1 红辣椒和洋葱切块。
2 锅中放入橄榄油和黄油，加热后放入红辣椒块和洋葱块，加盐翻炒至食材变软。
3 蔬菜炒熟后加入鸡高汤，加盐和黑胡椒调味。
4 撇去表面的杂质，炖煮约15分钟后将苏打饼干掰碎，放入锅中。
5 盛出少许红辣椒块和洋葱块作装饰，将汤冷却后倒入搅拌机搅拌均匀。
6 将汤过滤后倒回锅中加热，盛出后放上装饰的配菜、饼干碎、欧芹，撒辣椒粉。

芝麻豆腐浓汤

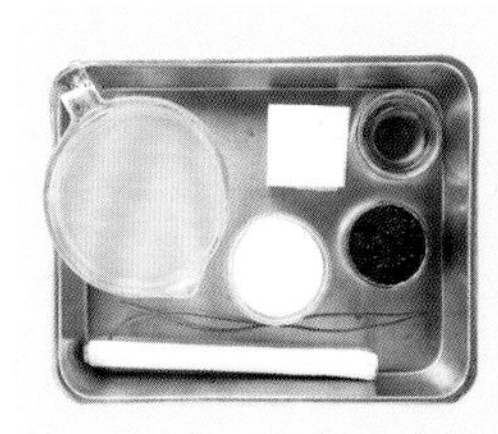

材料（2人份）
黑芝麻3大勺
大葱1/2根（50g）
嫩豆腐2/5块（100g）
香油1大勺
鸡高汤500mL
鲜奶油50mL
盐、黑胡椒各适量

装饰
嫩豆腐少许
黑芝麻少许
香葱少许

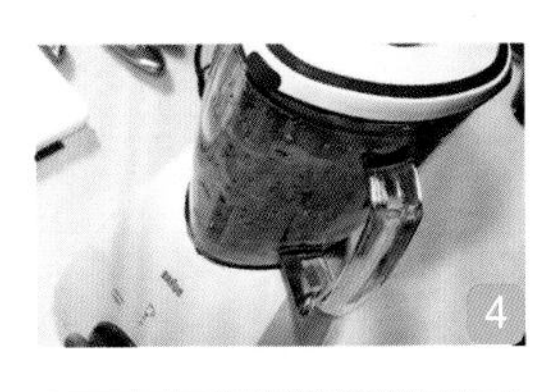

1 大葱横切成细丝，嫩豆腐切5mm见方的丁。
2 锅中倒入香油，放入黑芝麻翻炒出香味。
3 放入葱丝继续翻炒，葱丝变软后倒入鸡高汤。加盐和黑胡椒调味，炖煮约10分钟。
4 将步骤3的材料倒入搅拌机，加入豆腐丁和鲜奶油，搅拌均匀。
5 将搅拌好的材料倒回锅中加热，盛出后放入嫩豆腐丁、切2cm段的香葱和黑芝麻装饰。

Point
黑芝麻要炒出香味。

南瓜浓汤

材料（2人份）
洋葱1/5个（40g）
南瓜150g
苹果1/6个（50g）
无核小葡萄干1小勺
鸡高汤500mL
鲜奶油60mL
牛奶70mL
朗姆酒1大勺
黄油10g
盐、黑胡椒各适量

装饰

南瓜、苹果、鲜奶油、葡萄干各适量

Point

南瓜皮不要削掉太多。

用时
60分钟

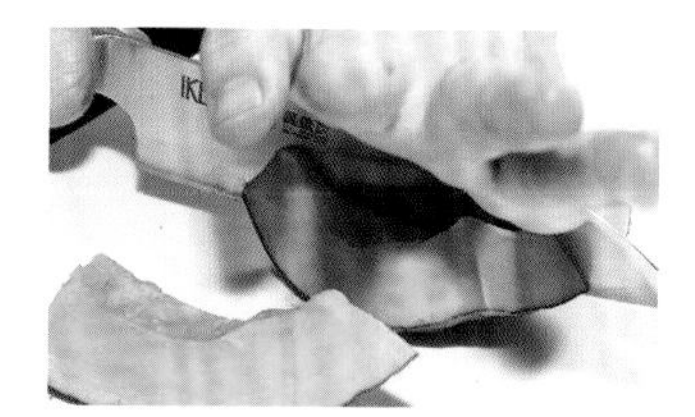

1 南瓜去子，苹果去心，分别切块。

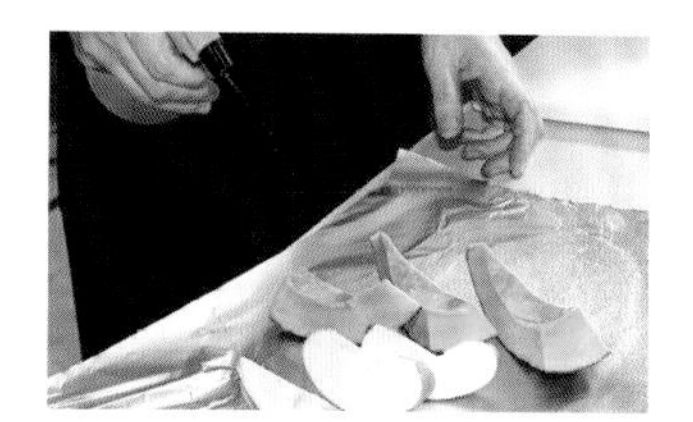

2 用喷壶往南瓜和苹果上喷少许水，包上铝箔纸，放入烤箱，180℃烤约20分钟。

3 烤好后用竹签插一下，能轻松插进去即可。将南瓜和苹果皮削掉。
南瓜皮不要削掉太多。

4 南瓜和苹果留一部分作装饰，切成小薄片，剩余的切大块。

5 锅中放入黄油，加热后放入切薄片的洋葱和盐翻炒，炒软后放入南瓜块和苹果块。

6 加入葡萄干和朗姆酒，搅匀。留少许葡萄干作装饰。

7 倒入鸡高汤，加盐和黑胡椒，炖煮约15分钟。

8 将汤倒入搅拌机，边搅拌边加入鲜奶油和牛奶，搅拌均匀后盛出，放上苹果片、南瓜片和葡萄干，倒上鲜奶油。

Point

浓汤不够甜时的处理方法

此汤品尝的就是南瓜和苹果本身的甜味，如果南瓜味道较淡或苹果略酸，汤就不够甜。这时可以在汤中适当加入白砂糖调味。

在搅拌机中搅拌后再加糖。

牛蒡浓汤（P117）

●日本●

栗子浓汤（P117）

●中国●

牛蒡浓汤

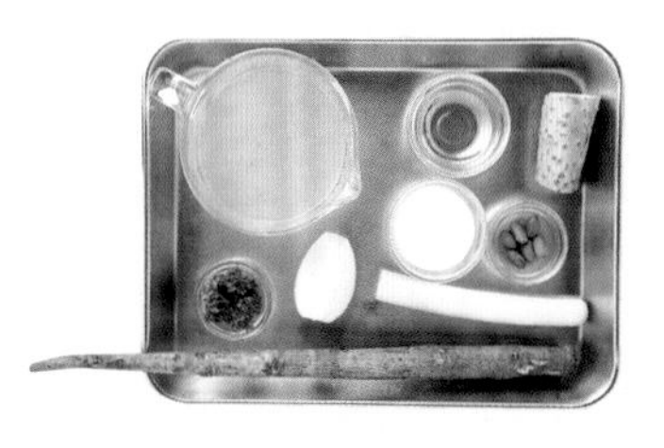

材料（2人份）
牛蒡1/2根（100g）
洋葱1/6个（30g）
葱白1/3根（30g）
山药30g
鸡高汤500mL
鲜奶油2大勺
花生油1大勺
盐、黑胡椒各适量

装饰
牛蒡少许、花生6粒
花生油1小勺、欧芹1小勺

1 将牛蒡刷洗干净，切圆片，放入醋水中浸泡。

2 洋葱、山药、葱白切薄片，锅中倒入花生油，加热后依次放入洋葱、葱白、牛蒡和山药翻炒。

3 倒入鸡高汤，加盐和黑胡椒，炖煮至蔬菜变软。取出少许牛蒡作装饰。

4 花生放入烤箱，170℃烘烤10分钟后剥皮，切碎。

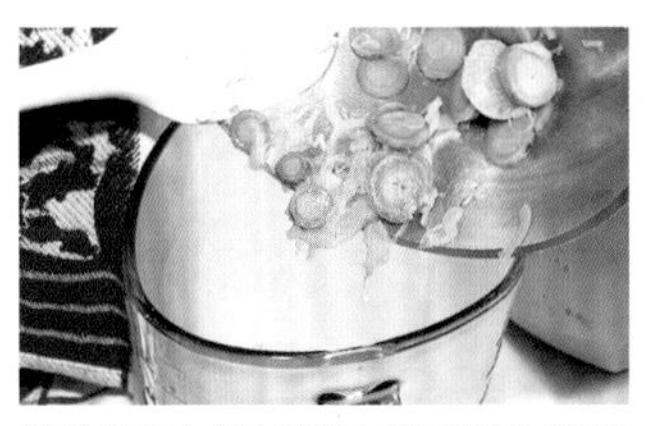

5 将步骤3中的材料冷却后倒入搅拌机，加入鲜奶油，搅拌均匀。

6 盛出后放上装饰用的牛蒡、花生碎、切碎的欧芹，滴入花生油。

栗子浓汤

材料（2人份）
洋葱1/4个（50g）
栗子仁100g
杂粮米3大勺
鸡精1小勺
豆浆500mL
黄油15g
盐、黑胡椒各适量

装饰
栗子仁2粒
杂粮米少许
枸杞子6粒

做法
❶ 锅中放入黄油，加热化开后放入切薄片的洋葱，加盐后翻炒至洋葱变软，加入栗子仁、杂粮米继续翻炒。
❷ 加入豆浆和鸡精，炖煮约20分钟。
❸ 取出少许杂粮米用作装饰，剩余材料炖煮至软烂。
❹ 加盐和黑胡椒调味，盛出后放栗子仁、杂粮米、枸杞子装饰。

不要太用力搅拌，以免栗子仁被搅碎。

杂粮米可以增加汤的浓稠度，不需要用搅拌机搅碎。

材料（2人份）
培根30g
洋葱1/3个（60g）
豌豆150g
莴苣2片（30g）
鸡高汤3杯（600mL）
月桂叶1片
黄油10g
盐、黑胡椒各适量

装饰
培根、豌豆、莴苣各少许

用时
30分钟

豌豆浓汤

1 将莴苣切成宽5mm的条，培根切成宽3mm的条，洋葱切薄片。

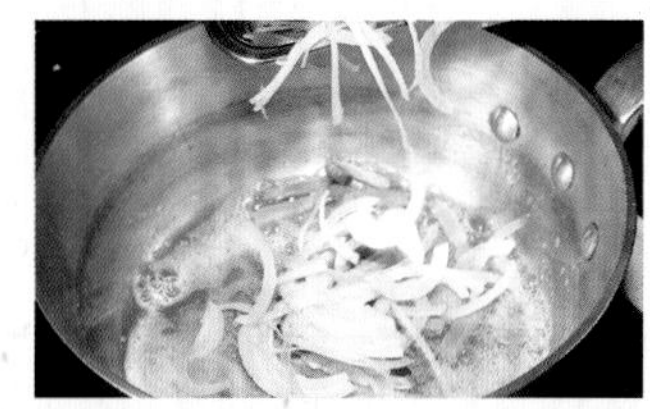

2 锅中放入黄油，加热化开后放入培根条翻炒出香味，加入洋葱翻炒至变软。

3 加入豌豆和莴苣，放盐和黑胡椒调味。

4 从锅中取出少许培根、豌豆和莴苣用作装饰，倒入鸡高汤。

5 放入月桂叶，炖煮约15分钟。

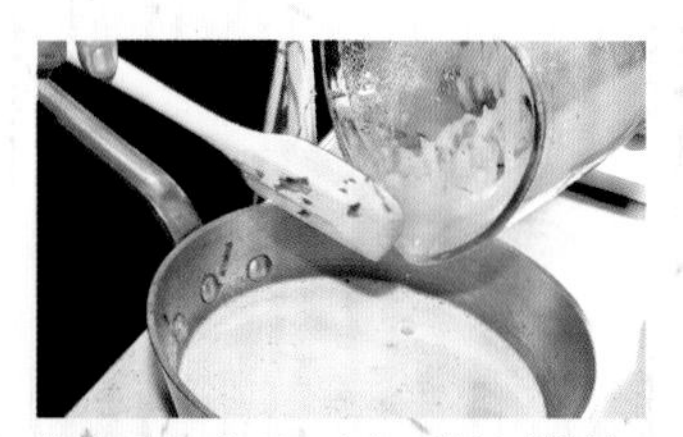

6 拣出月桂叶，汤冷却后倒入搅拌机中搅匀。倒回锅中加热后盛出，放上装饰材料即可。

虾肉杂烩浓汤（P122）

曼哈顿蛤蜊杂烩浓汤（P120）

海鲜杂烩浓汤3款

鱼贝类和蔬菜丰富的美国著名汤品

新英格兰蛤蜊杂烩浓汤（P121）

曼哈顿蛤蜊杂烩浓汤

材料（2人份）

蛤蜊300g

鸡高汤2杯（400mL）

Ⓐ
- 培根20g
- 洋葱2/5个（80g）
- 胡萝卜1/5根（30g）
- 欧芹1/5根（20g）
- 西葫芦1/5根（30g）
- 土豆1个（150g）

熟透的番茄1个（200g）

Ⓑ
- 番茄酱2大勺
- 百里香、牛至各少许

橄榄油1大勺

粗盐、黑胡椒各适量

装饰

牛至叶、蛤蜊各少许

Point

将蛤蜊中的泥沙和脏物清洗干净。

用时
30分钟

1 将蛤蜊浸泡在盐水中，用盐搓洗，将泥沙和脏物清洗干净。

2 将材料Ⓐ切成1cm见方的块，番茄去皮、去子后切成1cm见方的块。土豆块浸泡在水中。

3 锅中倒入鸡高汤和蛤蜊，开火将蛤蜊煮至开口，盛入盘中，汤汁备用。

4 炒锅中倒入橄榄油，加热后依次放入培根、洋葱、胡萝卜、欧芹，撒粗盐后翻炒，放西葫芦和土豆继续翻炒。

5 倒入煮蛤蜊的汤汁，放入番茄和材料Ⓑ，加粗盐和黑胡椒，迅速搅拌。将产生的杂质撇去，炖煮约15分钟。

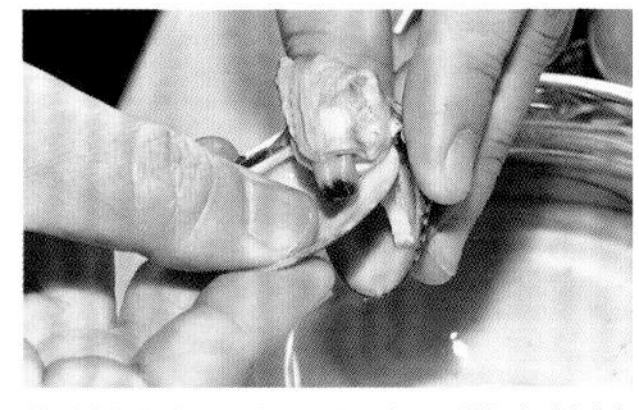

6 将蛤蜊肉取出，留少量带壳的蛤蜊作装饰。可以用一片外壳来取肉。

7 将蛤蜊肉放入步骤5的汤中。

8 将牛至、百里香拣出，将汤盛出，放牛至叶和带壳的蛤蜊装饰。

错误！煮蛤蜊的汤中残留泥沙

将开口的蛤蜊捞出时，应按开口先后顺序捞出，如果直接过滤，汤中会残留泥沙。

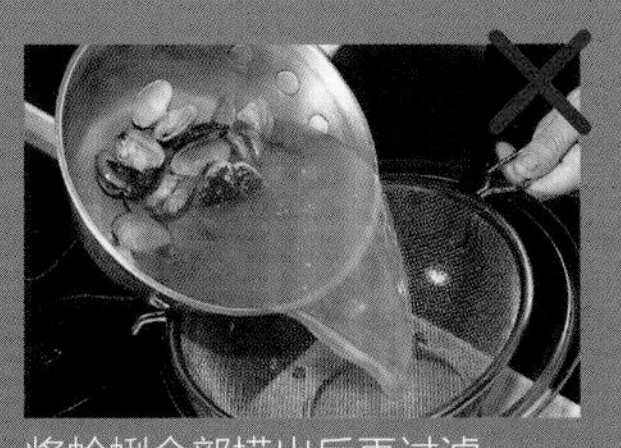

将蛤蜊全部捞出后再过滤。

新英格兰蛤蜊杂烩浓汤

材料（2人份）

文蛤6个（180g）
培根20g
洋葱2/5个（80g）
胡萝卜1/6根（30g）
西芹1/5根（20g）
土豆1个（80g）
鸡高汤2杯（400mL）
黄油20g
面粉2大勺
鲜奶油60mL
牛奶80mL
盐、黑胡椒各适量

装饰

欧芹少许
苏打饼干4块

Point

用面粉勾芡，增加汤的浓度。

1 将文蛤在水中浸泡吐沙，用盐搓洗表面。将鸡高汤和文蛤放入锅中，加盖炖煮。

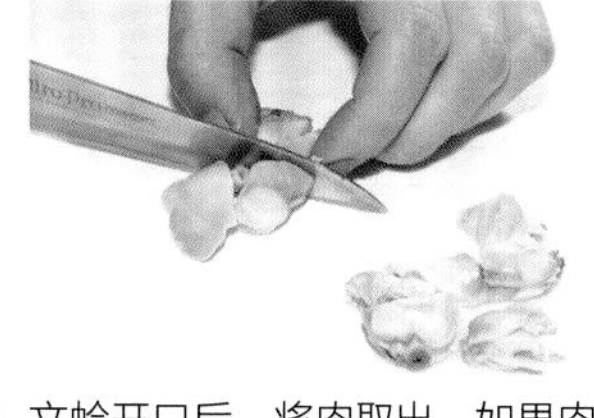

2 文蛤开口后，将肉取出，如果肉块较大，可以适当切小。煮文蛤的汤可以当作高汤使用，不要倒掉。

3 将培根、洋葱、胡萝卜、西芹和土豆切成1cm见方的块，欧芹切碎，将土豆泡入水中。

4 锅中放入黄油，加热化开后放入培根、洋葱、胡萝卜和西芹翻炒。为了防止炒焦，要用小火将食材炒软。

5 加入面粉继续翻炒至面粉融入蔬菜中。

6 倒入步骤2中煮文蛤的汤汁，搅拌均匀。放入控干水分的土豆，撒盐和黑胡椒，炖煮10分钟。

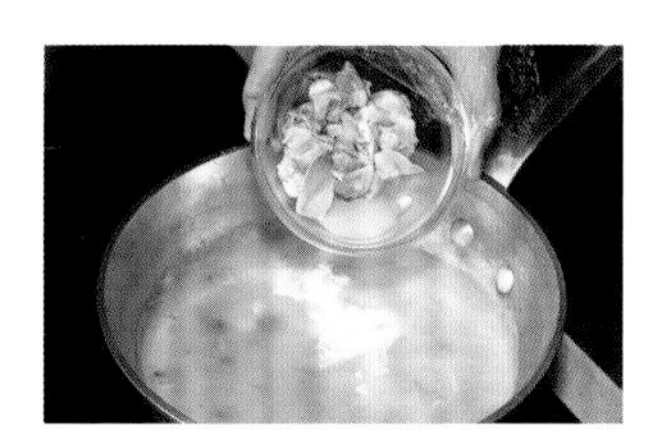

7 加入牛奶和文蛤肉，稍煮片刻。

8 加入鲜奶油，加盐和黑胡椒调味。留1大勺鲜奶油作装饰。

9 将汤盛出后放入剩余的鲜奶油和欧芹装饰。

10 将苏打饼干掰碎，放到汤的正中间装饰。

虾肉杂烩浓汤

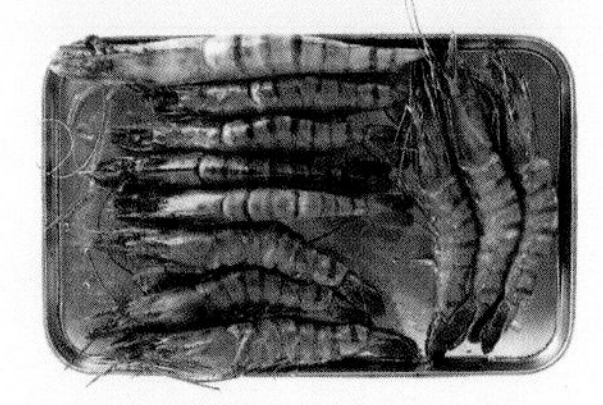

材料（2人份）

洋葱1/3个（65g）
胡萝卜2/5根（80g）
土豆1个（80g）
面粉22.5g
白葡萄酒19.5mL
鲜奶油50mL
黄油20g
扁豆4根（30g）
盐、黑胡椒各适量

虾高汤

虾11只（300g）
鸡高汤4杯（800mL）
白兰地1大勺
色拉油1大勺
百里香、月桂叶各适量

装饰

细叶芹少许

Point

从虾肉和壳中充分熬出汤汁。

用时
50分钟

1 制作虾高汤。将虾洗净，去虾线，将头切下。虾头不要扔掉。

2 锅中倒入色拉油，加热后放入虾和虾头翻炒成红色后，倒入白兰地。

3 加入鸡高汤、月桂叶和百里香，煮两三分钟。

4 将虾取出，剥掉虾壳。

5 将虾壳放入步骤3的锅中，继续炖煮15分钟，撇去杂质。

6 将洋葱、胡萝卜和土豆切成长2cm、宽5mm的条，扁豆切成2cm的段，放入盐水中焯一下，土豆泡水。

7 锅中放入黄油，加热化开后放入洋葱、胡萝卜和土豆翻炒至变软，加入面粉继续翻炒至面粉融入蔬菜中。

8 倒入白葡萄酒，和汤充分融合后将步骤5的虾高汤过滤入锅中。

9 将步骤4中的虾肉和扁豆一起加入步骤8的锅中，加盐和黑胡椒调味。

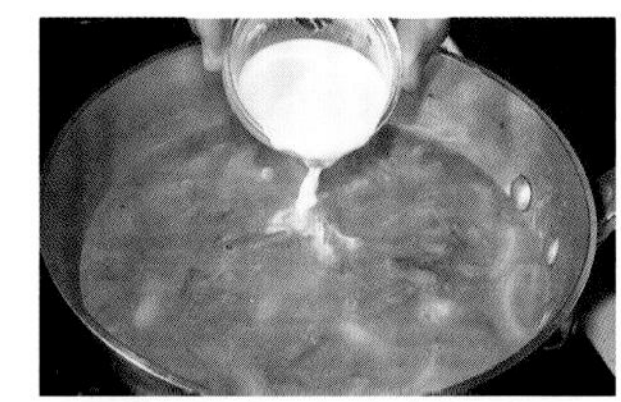

10 稍煮片刻后加入鲜奶油搅拌，盛出后放细叶芹装饰。

美式玉米汤（P124）
美国

玉米汤3款

浓郁的口感和质朴的甜味，非常受欢迎的汤品

玉米粒汤（P125）
日本

粟米羹（P125）
中国

美式玉米汤

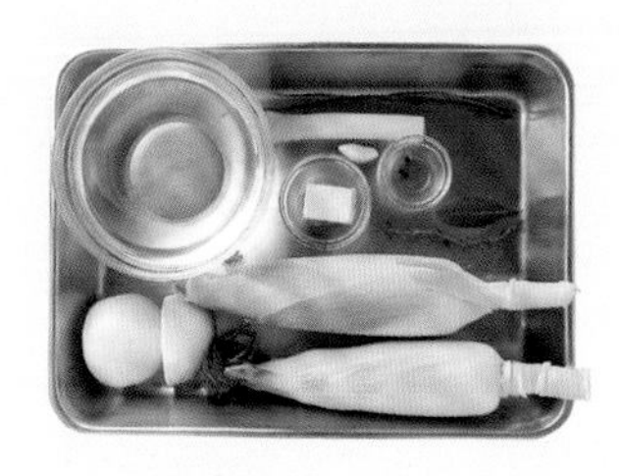

材料（2人份）
玉米高汤适量
玉米粒适量
洋葱1/2个（100g）
葱白1/4根（25g）
黄油15g
盐、黑胡椒各适量

玉米高汤
玉米2根
洋葱1/4个（50g）
水1L
蒜1/2瓣（5g）
黑胡椒粒3粒
百里香、月桂叶各适量

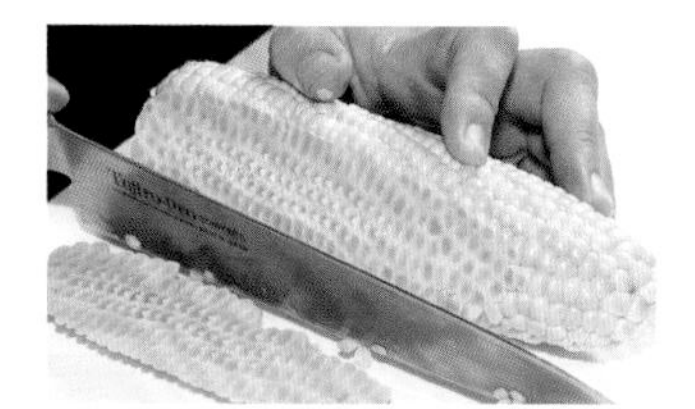

1 玉米剥皮、去掉须，将玉米粒从玉米棒上切下。

2 玉米棒切3段，与切成半月形的洋葱、蒜、水、百里香、月桂叶和黑胡椒粒一起入锅，煮30分钟。

3 将玉米须放入170℃的热油中，用筷子搅拌并炸成金黄色，捞出放在吸油纸上控油。

4 锅中放入黄油，加热化开后放切成薄片的洋葱和葱白，撒盐，翻炒至变软。

5 放入玉米粒翻炒，取出少量玉米粒作装饰。

6 将步骤2中的汤汁过滤进步骤5的锅中，加盐和黑胡椒调味，不停搅拌，炖煮约15分钟。

7 将锅放入冷水中冷却。

8 将冷却的材料倒入搅拌机，搅拌均匀后过滤。粘在搅拌机上的材料也要铲下来。

9 过滤网背面粘着的材料也铲下来放入汤中。将汤加热后盛出，放上玉米须和装饰用的玉米粒。

粟米羹

材料（2人份）
罐头玉米羹150g
葱白1大勺
蟹肉15g、里脊火腿30g
白酒1/2大勺
鸡架高汤300mL
牛奶75mL
水淀粉1/2大勺
蛋液1/2个（30g）
色拉油、粗盐、盐、黑胡椒各适量

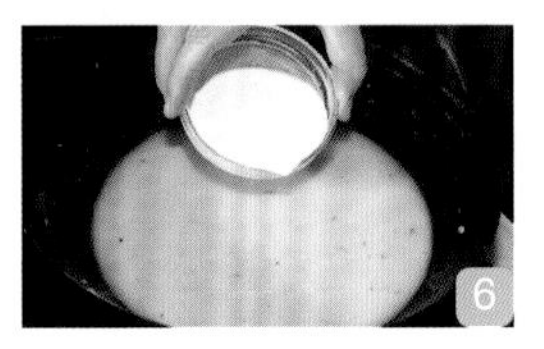

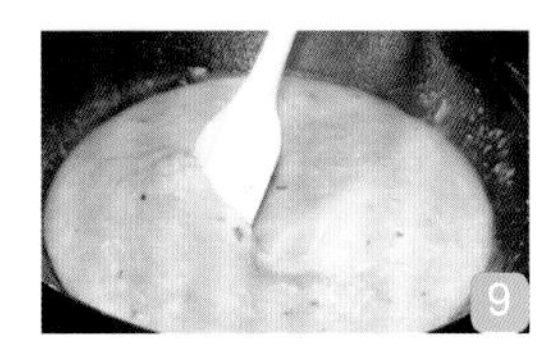

1 将蟹肉撕成小块。
2 葱白切碎，里脊火腿切细长条。
3 锅中倒入色拉油，加热后放入葱碎翻炒，放入里脊火腿和蟹肉继续翻炒。
4 倒入白酒提香，加入罐头玉米羹，搅拌均匀。
5 倒入鸡架高汤，加粗盐和黑胡椒，搅拌均匀。
6 倒入牛奶。
7 将水淀粉分2次倒入锅中勾芡，增加汤的浓度。
8 改小火，用过滤网将蛋液慢慢淋入锅中。
9 关火，搅拌，加盐和黑胡椒调味后盛出。

玉米粒汤

材料（2人份）
冷冻玉米粒1杯（100g）
培根30g
洋葱1/6个（30g）
西葫芦1/5根（30g）
土豆1/5个（30g）
鸡高汤500mL
月桂叶1片、黄油15g
盐、黑胡椒各适量

装饰
切达奶酪20g
干玉米粒20粒、欧芹少许
色拉油、盐各适量

做法
❶ 将培根、洋葱、西葫芦和土豆分别切成1cm见方的块。
❷ 锅中放入黄油，加热化开后放入步骤1中的材料和冷冻玉米粒翻炒，加入鸡高汤、月桂叶、盐和黑胡椒后炖煮15分钟。
❸ 煎锅中倒入色拉油，加热后放入干玉米粒，盖上锅盖。
❹ 干玉米粒爆开后用吸油纸吸出多余油分，撒盐。
❺ 将步骤2中的汤盛出，放上爆玉米粒、切达奶酪、欧芹装饰。

翻炒至蔬菜变软。

制作爆玉米粒时一定要加盖，防止飞溅。

专栏18

不同的勾芡方法

增加汤浓度的勾芡方法要根据不同的料理类型变化

使用淀粉勾芡

淀粉的种类较多，但无论使用哪种淀粉，都不是直接加入汤中，而是要先用水溶解，再加入汤中。

一边搅拌一边加入汤中。

将水和淀粉按1：1的比例混合均匀。

使用米饭、面包勾芡

利用米饭或面包中的淀粉勾芡。将其放入过滤后或用搅拌机搅拌后的汤中。面包要先撕碎再加入到汤中。

制作虾酱浓汤时，可以将米饭或面包直接放入汤中。

用搅拌机搅拌时，将米饭或面包和其他材料一起放入。

使用面粉勾芡

可以在炒制配菜时直接加入面粉，还可以将面粉和黄油混合制成黄油面酱使用。面粉一定要过筛后再使用。

放入配菜中翻炒，用汤汁将其溶化。

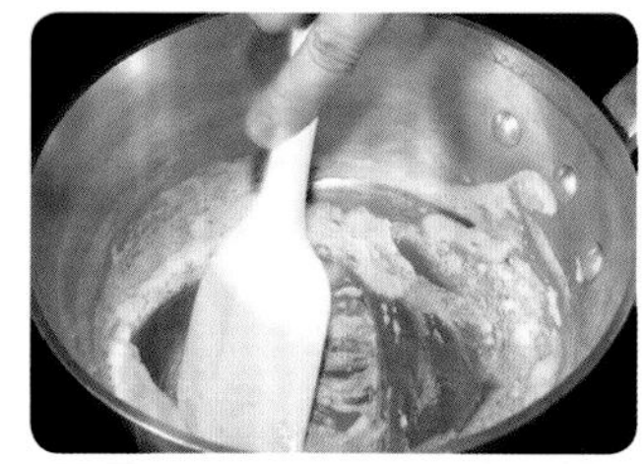

还可以使用鸡高汤将黄油面酱溶化。

根据汤的类型选择勾芡方法

勾芡可以增进口感、增强保温效果，还可以提升料理的美观度。例如，做中式汤时，淋蛋液的同时勾芡，蛋花就会更加好看。

勾芡最常使用淀粉，除此之外还有其他方法，无论哪种方法都适用于制作清淡、透明的汤。将面粉和黄油制成黄油面酱，更适用于炖汤类的勾芡，因为其富含油脂，所以如果想让汤变得更加浓稠时可以使用。也可以在浓汤接近完成时加入鲜奶油或蛋黄。

根据汤的口味或类型选择勾芡方法十分重要。

第四章

世界名汤

红烩兵豆汤（P129）

●土耳其●

豆汤7款

满满的豆子搭配香料和具有民族特色的调味

兵豆浓汤（P130）

●法国●

红烩兵豆汤

材料（2人份）
兵豆70g
洋葱1/4个（50g）
番茄酱1/3大勺
辣椒粉1/3小勺
蒸粗麦粉15g、黄油5g
鸡高汤700mL
干薄荷1/2小勺
干龙蒿1/2小勺
红辣椒（土耳其辣椒，可用辣椒面代替）少许
盐、黑胡椒各适量

装饰
辣椒粉、干薄荷、干龙蒿各少许

用时
40分钟

1 将兵豆洗净，沥干。

2 锅中放入黄油，加热化开后放入切碎的洋葱翻炒，炒熟后加入辣椒粉。

3 倒入鸡高汤。

4 加入兵豆和番茄酱，充分拌匀后炖煮20分钟。
盐会让豆子变硬，此时不要加盐。

5 豆子变软后加入蒸粗麦粉、切大块的红辣椒和干龙蒿。

6 加入干薄荷，加盐和黑胡椒调味后盛出，撒上装饰用的材料。

兵豆浓汤

材料（2人份）

兵豆1杯（150g）
培根30g
鸡高汤700mL
洋葱1/5个（40g）
胡萝卜1/7个（20g）
西芹1/10根（10g）
鲜奶油30mL
黄油5g
香芹茎少许
月桂叶少许
盐、黑胡椒各适量

装饰

兵豆、培根少许
鲜奶油1大勺
香芹碎少许

Point

用过滤网将汤过滤，去掉豆皮。

用时
35分钟

1 将兵豆浸泡清洗，放入过滤网。

2 胡萝卜切1cm宽的片，洋葱切2cm宽半月形，西芹切2cm长段，培根切3mm宽的条。

3 锅中放入黄油，加热化开后放培根翻炒出香味，倒入鸡高汤。

4 放入兵豆、胡萝卜、洋葱、西芹、月桂叶和香芹茎，炖煮20分钟，撇去杂质。

5 取出1/3兵豆和培根，作为装饰。

6 胡萝卜、洋葱、西芹、月桂叶和香芹茎都是用来提味的，要全部捞出。

7 将锅放入凉水中冷却。

8 将冷却的汤倒入搅拌机搅拌，然后过滤。

9 将过滤后的汤倒回锅中加热，倒入取出的兵豆和培根。

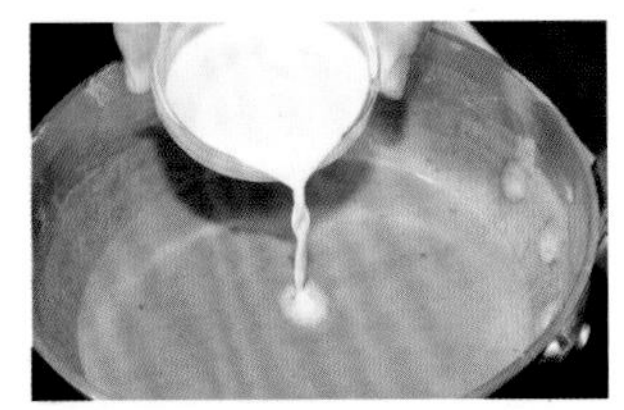

10 加入鲜奶油，加盐和黑胡椒调味。盛出后放入鲜奶油和香芹碎装饰。

咸豆浆

用时
20分钟

材料（2人份）

豆浆480mL
虾米1大勺
蒜1瓣（10g）
榨菜20g
车麸（面筋）2个
辣椒油1小勺
黑胡椒少许
醋4小勺
盐、色拉油各少许

装饰

香葱碎少许
香菜叶少许

1 蒜切片，虾米切碎，榨菜切细丝，香葱切碎后泡水，香菜取叶。

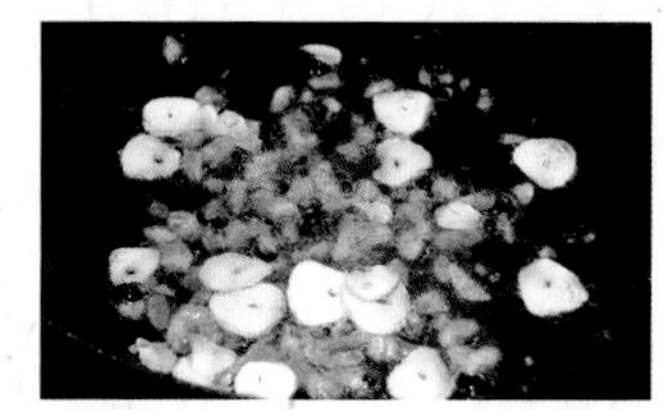

2 煎锅中倒入色拉油，加热后放入蒜片和虾米，炸至微黄色，盛入过滤网沥油。

3 用步骤2的油继续炸车麸，炸至金黄色后放在吸油纸上去油。

4 在碗中放入辣椒油、醋、盐和黑胡椒。

5 将豆浆加热至沸腾，倒入调料碗中。

6 将蒜片、虾米、车麸和榨菜放在豆浆表面，撒香菜叶和香葱碎。

香辣杂豆汤（P133）

●印度●

香辣杂豆汤

材料（2人份）
兵豆50g
水2杯（400mL）
葫芦巴1小勺
色拉油1小勺
罗望子2大勺
热水60mL
椰奶100mL
茴香子1小勺
香菜子2小勺
辣椒1/2根（1.5g）
盐、黑胡椒各适量

配菜
长茄子1根（60g）
秋葵4个（30g）
洋葱1/3个（60g）
胡萝卜1/3根（60g）
姜黄1/3小勺
番茄1/2个（100g）
香菜少许
色拉油1大勺

Point

将番茄烤一下会更美味。

用时
50分钟
※ 不包括兵豆浸泡时间

1 兵豆去皮，纵向切成两半，在水中浸泡一晚。

2 制作罗望子水。将罗望子在热水中浸泡20分钟，放入过滤网中沥干水分。

3 将叉子从番茄蒂部插入，把番茄放在火上烤一下，去皮、去子后切2cm见方的块。

4 洋葱、胡萝卜、长茄子切2cm见方的块，在茄子上撒盐，去除水分，然后洗净。去除秋葵的蒂和毛，切成2cm宽的片。

5 锅中放入色拉油，加热后倒入葫芦巴翻炒，加入兵豆和泡兵豆的水，煮约30分钟。

6 将辣椒、香菜子、茴香子、椰奶和热水放入搅拌机中搅拌均匀。

7 锅中倒入色拉油，加热后放入洋葱、胡萝卜和长茄子翻炒熟后，加入黑胡椒、姜黄，再放入秋葵翻炒。

8 倒入罗望子水、兵豆汤和步骤6的香料椰奶，加盐，放入烤过的番茄，炖煮至蔬菜变软。盛出后撒香菜装饰。

Point
需要去除杂质吗？

印度料理的汤有很强烈的辛辣味，无论是否去除杂质，对味道都不会有影响。如果介意，也可去除。

在汤的原产地，杂质被认为是汤的一部分。

白芸豆汤（P135）

●西班牙●

蚕豆汤（P135）

●意大利●

白芸豆汤

材料（2人份）
白芸豆1/5杯（40g）
培根80g
香肠1根
洋葱1/4个（50g）
土豆1/3个（50g）
菠菜1小把（40g）
辣椒粉1大勺
百里香1/2根
月桂叶1/2片
橄榄油1大勺
蒜1/3瓣
白葡萄酒25mL
鸡高汤450mL
盐、黑胡椒各适量
长面包50g

1 白芸豆洗净后浸泡一晚，然后将白芸豆和水倒入锅中煮约40分钟，至白芸豆变软。

2 洋葱、土豆切1cm见方的块，菠菜切3cm长的段，香肠切5mm宽的片，培根切8mm宽的条。

3 锅中倒入橄榄油，加热后放入蒜，炒出香味后放入培根、香肠和洋葱翻炒，加辣椒粉。

4 辣椒粉出香味后倒入白葡萄酒，搅拌均匀，放入鸡高汤、百里香、月桂叶、盐和黑胡椒，炖煮30分钟。

洋葱和蒜要翻炒出香味。

5 加入土豆和白芸豆，继续炖煮10分钟，加入经过烘烤并切成块的面包和菠菜，再煮一两分钟后盛出，撒辣椒粉。

蚕豆汤

材料（2人份）
去皮干蚕豆75g
水4杯（800mL）
韭葱1/3根（60g）
胡萝卜1/6根（30g）
萨拉米香肠4片（20g）
生火腿块20g
墨角兰1/2小勺
白葡萄酒20mL
鸡精1/2小勺
蒜1瓣（10g）
橄榄油1大勺
牛至1根
盐、黑胡椒各适量

做法

❶ 将去皮干蚕豆在4杯水中浸泡一晚。
❷ 韭葱、胡萝卜、萨拉米香肠、生火腿块切1cm见方的块。切下生火腿上较硬的部分。
❸ 锅中倒入橄榄油，加热后放入切碎的蒜和较硬的生火腿翻炒。
❹ 加入步骤2的材料继续翻炒，然后加入墨角兰和白葡萄酒。
❺ 加入蚕豆、水和鸡精，煮25分钟。
❻ 撇去杂质，加盐和黑胡椒调味，放上牛至装饰。

将较硬的生火腿炒熟，炒出香味。

墨角兰是煮豆子时不可或缺的材料。

辣味牛肉芸豆汤

用时
40分钟
※ 不包括红芸豆浸泡时间

材料（2人份）
红芸豆60g、牛肉馅100g
洋葱1/2个（100g）
蒜1/3瓣（3g）
水煮并去皮的番茄100g
牛肉高汤500mL
红辣椒粉1/2小勺
茴香粉1/2小勺
月桂叶1片、辣椒粉1/2小勺
卡宴辣椒粉少许、牛至少许
盐、黑胡椒、色拉油各适量

装饰
孜然芹少许
胡葱少许

1 将红芸豆浸泡一晚，将红芸豆和水倒入锅中，煮40分钟。

2 锅中倒入色拉油，加热后放入切碎的蒜和洋葱，加盐，翻炒至变软。

3 加入牛肉馅继续翻炒，炒熟后加入红辣椒粉、茴香粉和卡宴辣椒粉。

4 加入辣椒粉、牛至，继续翻炒出香味。

5 加入牛肉高汤，放入月桂叶、盐、黑胡椒和番茄，炖煮15分钟。

6 加入煮熟的红芸豆，如果汤汁不足，可以加入煮芸豆的汤。盛出后撒上斜切的胡葱和孜然芹。

专栏19

全世界豆的分类

不仅是汤，其他料理中所使用的豆类都可常备

豆类是营养丰富的优质食材

豆的种类超过18000种，全世界的人们都在利用不同的烹饪方法食用豆子。豆类的营养非常丰富，除了优质蛋白，还富含膳食纤维、B族维生素等。无论用水还是用调味料烹煮，将煮豆的汤汁倒掉都很容易造成营养物质流失。如果做成汤，豆类的营养物质就能完全被人体吸收。因此，每天都应该喝一点豆类制成的汤。

芸豆等属于外皮较硬的豆类，应该用水浸泡一晚再制作，泡豆的水也应利用上。兵豆等皮较软、较薄的豆类则没必要浸泡，可直接烹制。花豆等含有较多淀粉，做汤时如果过度炖煮会被煮烂，要特别注意。

意式海鲜汤（P139）

●意大利●

海鲜汤5款

各种鱼贝类熬成的汤汁全部融入其中

藏红花贻贝汤（P141）

●法国●

意式海鲜汤

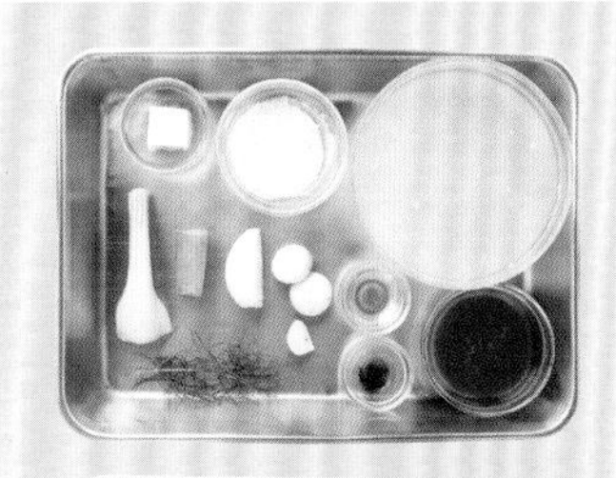

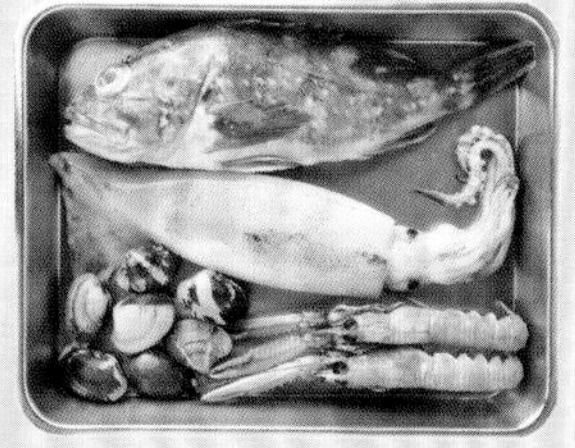

材料（2人份）
菖鲉1条（200g）
鹰爪虾2只（130g）
蛤蜊7个（100g）
鱿鱼1只（250g）
洋葱1/6个（30g）
胡萝卜1/7根（20g）
西芹1/10根（10g）
鱼高汤4杯（800mL）
藏红花1小撮
罐头水煮番茄80g
蘑菇2个（15g）
蒜1/2瓣（5g）
橄榄油20mL
黄油15g
高筋面粉、盐、黑胡椒各适量

装饰
茴香叶少许

Point

鱼贝类经过煎炸，美味全部融入汤中。

1 用刀将虾头切成两半。

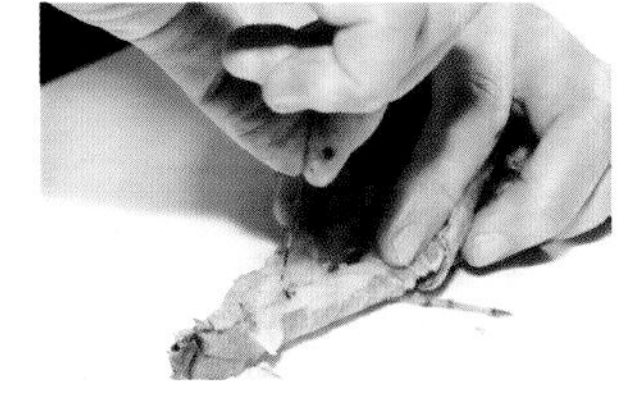

2 将虾身也切成两半，去除虾线。

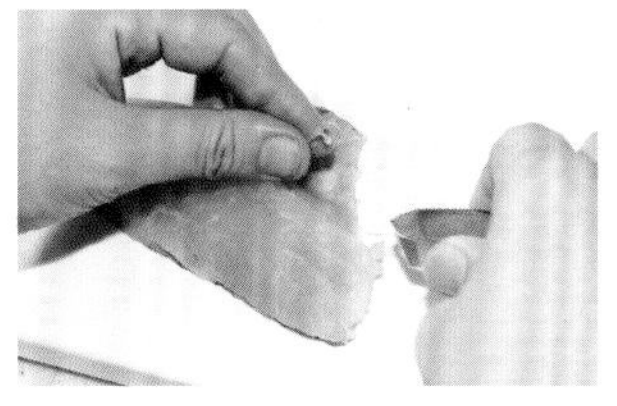

3 菖鲉去除鳞和内脏，纵向切成3条，将小刺拔掉。

4 切掉鱼头，将每条鱼肉分成3等份。

5 将藏红花炒制后用手碾成粉末。

6 洋葱、胡萝卜、西芹切成2mm宽的丝，蘑菇切薄片，蒜切碎。

7 锅中加入15mL橄榄油和5g黄油，加热后放蒜碎炒香，然后放入洋葱、胡萝卜和西芹翻炒，加盐，将蔬菜炒软。

8 放入蘑菇继续翻炒。

9 倒入鱼高汤，加盐和黑胡椒调味，加入水煮番茄，撇去杂质后加入藏红花粉，炖煮约15分钟。

10 在处理好的鱿鱼、虾和菖鲉上撒盐和黑胡椒，菖鲉皮上也要撒到。

11 将鱿鱼和菖鲉裹上高筋面粉。

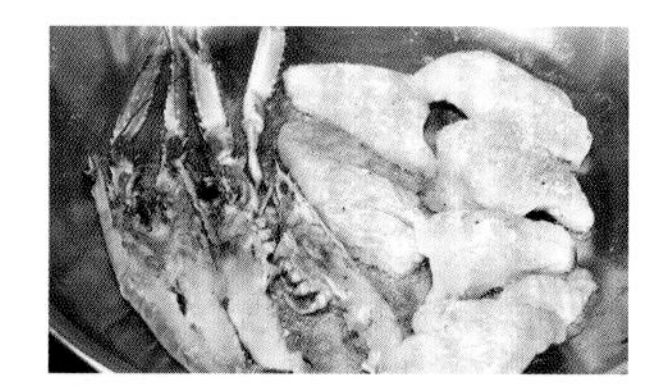

12 煎锅中倒入剩余的橄榄油，加热后放入菖鲉、虾和鱿鱼。菖鲉肉煎制时会缩小，因此要用铲子边按压边煎。

13 步骤12的材料表面变成金黄色后，将其放入步骤9的汤中。

14 去掉蛤蜊中的泥沙，洗净后放入汤中，煮至开口。

15 撇去杂质，加盐和黑胡椒调味，盛出后撒茴香叶装饰。

鱿鱼预处理

1 将鱿鱼铺平，手指伸进鱿鱼体内，另一只手食指和拇指按压住鳍，慢慢将鱿鱼腿和身体分离。
2 抓紧鱿鱼腿的根部，另一只手按住鳍，将内脏和腿拔出。
3 将腿从眼睛下方切下。
4 将鱿鱼嘴去除。
5 将吸盘较多的足切下来，用刀背将吸盘刮掉。
6 拿住鱿鱼鳍，另一只手插入鳍和身体中间，将两者分离。
7 垫毛巾或抹布，将鳍扯下。将身体上的皮剥掉。
8 将鳍顶部的软骨切除，从切口处将鳍上的皮剥掉。
9 拔出身体中的软骨。
10 将鱼身切成薄圆片，鳍切成1cm宽的条，腿每两个分成一组。

藏红花贻贝汤

材料（2人份）
贻贝14个（400g）
洋葱1/3个（60g）
胡萝卜1/3根（50g）
西芹1/3根（30g）
葱白50g
鱼高汤150mL
鸡高汤300mL
熟透的番茄1个（80g）
鲜奶油20mL
白葡萄酒50mL
蒜1/3瓣（3g）
橄榄油2小勺
黄油5g
香芹碎1/2大勺
藏红花1小撮
盐、黑胡椒各适量

香草束
百里香1枝
月桂叶1片
香芹茎少许
西芹少许

Point

汤的味道要清淡，以凸显贻贝的鲜味。

用时
40分钟

1 将贻贝刷洗干净，去掉足丝，放入锅中，加白葡萄酒、鸡高汤和鱼高汤炖煮。

2 煮至贻贝开口，将其捞出，取出贻贝肉。

3 藏红花翻炒后用手碾碎，蒜切碎。

4 锅中放入橄榄油和黄油，加热后放入蒜碎，炒出香味后放入切细丝的洋葱、葱白、胡萝卜和西芹。

5 蔬菜炒软后倒入过滤后的煮贻贝的汤汁。

6 将制作香草束的材料用线绑紧，放入汤中。

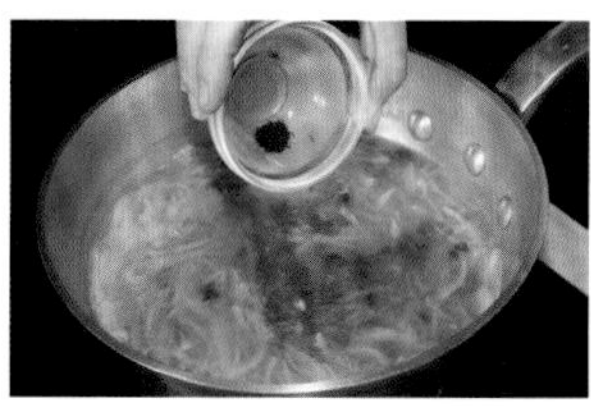

7 番茄去皮、去子、切5mm见方的小块，放入汤中，加入藏红花，炖煮约10分钟，撇去杂质。

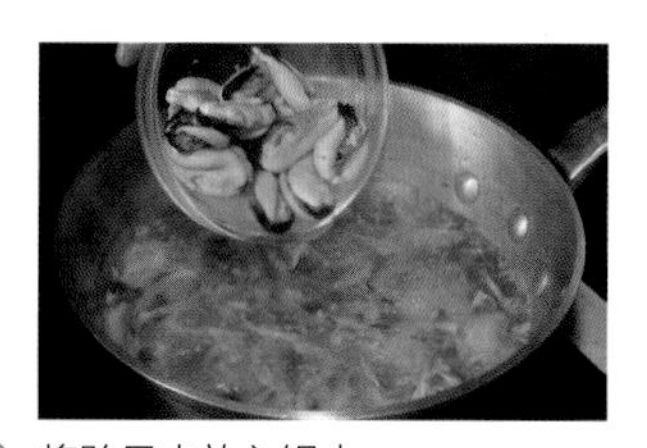

8 将贻贝肉放入锅中。

9 加入鲜奶油，加盐和黑胡椒调味。

10 将汤盛出后撒香芹碎。

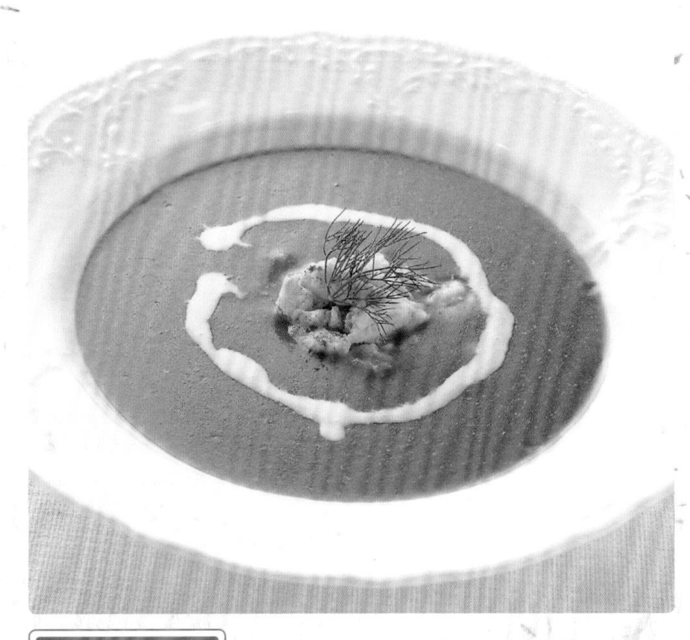

用时
60分钟

蟹肉浓汤

材料（2人份）
梭子蟹2只（300g）
洋葱1/3个（60g）
胡萝卜1/7根（20g）
西芹1/6根（15g）
罐头水煮番茄180g、米饭60g
鱼高汤2杯（400mL）
鸡高汤2杯（400mL）
鲜奶油2大勺、车前草2小勺
蒜1/2瓣（5g）、白葡萄酒37.5mL
黄油5g、橄榄油1大勺
卡宴辣椒粉少许
百里香、月桂叶、盐各适量

装饰
茴香少许、鲜奶油少许

Point

彻底清除梭子蟹中带有腥味的部位。

梭子蟹预处理

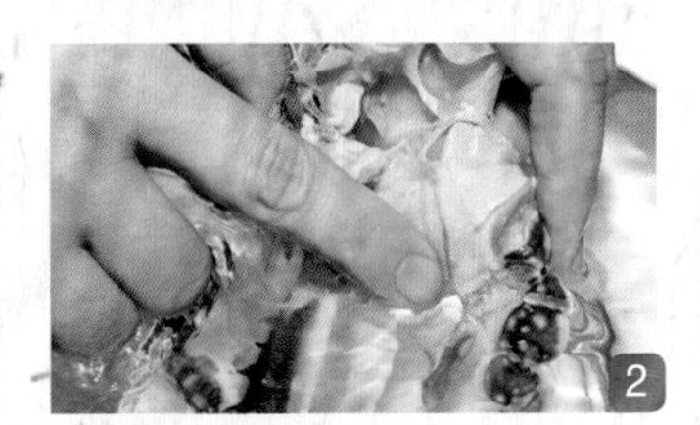

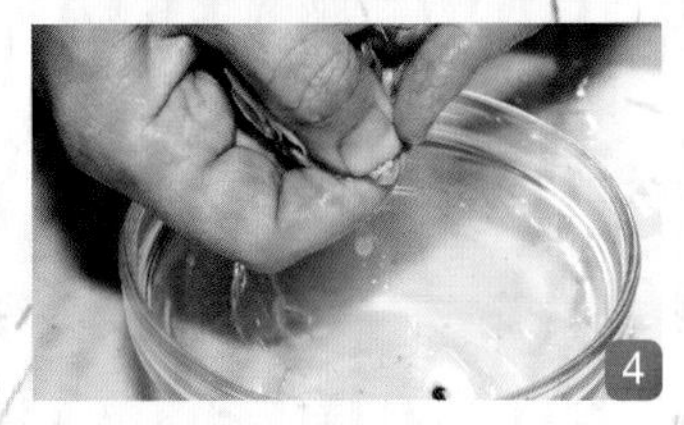

1 用刷子将梭子蟹刷洗干净。
2 去掉蟹壳和鳃。鳃下面的泥沙也要清洗干净。
3 用勺子将蟹黄刮出来，可根据个人口味在汤中添加新鲜的蟹黄。
4 挤出蟹尾（身体内侧最下方）的排泄物。
5 将梭子蟹切成大块。蟹腿和蟹钳可以用厨房剪刀剪下。

1 将处理好的梭子蟹放在过滤网上沥水。如果有水分残留，炒制时容易溅出油。

2 煎锅中倒入橄榄油，加热冒烟后用大火翻炒梭子蟹，蟹的颜色变红后转小火，加入车前草。

3 加入黄油，化开后再加入切薄片的洋葱、胡萝卜、西芹和蒜，慢慢翻炒出香味，倒入白葡萄酒。

4 加入水煮番茄、鸡高汤、鱼高汤、百里香、月桂叶和米饭，炖煮约15分钟。

5 中途撇去杂质，将梭子蟹捞出，取出蟹肉后将蟹壳放回锅中。

6 将汤倒入过滤网，用铲子按压食材，挤出汤汁。

7 将过滤出的食材倒回锅中，用擀面杖压碎。

8 将步骤7中的食材倒回汤中，搅拌后再次过滤。

9 在过滤出的汤中加入卡宴辣椒粉和鲜奶油，如果想增加浓度，可以用水淀粉勾芡。

10 加盐调味，加入用微波炉加热过的蟹肉和茴香，放鲜奶油装饰。

鲑鱼汤（P144）
●芬兰●

海味汤（P145）
●西班牙●

鲑鱼汤

材料（2人份）
白鲑鱼1块（120g）
洋葱1/4个（50g）
土豆1个（80g）
鱼高汤2杯（400mL）
茴香茎1根
牛奶100mL
鲜奶油60mL
黄油10g
盐、黑胡椒各适量

装饰
茴香叶少许
烟熏鲑鱼4片

1 洋葱、土豆切块后浸泡在水中，白鲑鱼切小块，撒盐和黑胡椒。

2 锅中放入黄油，加热化开后放入洋葱和土豆块翻炒，加入鱼高汤、茴香茎，撒盐和黑胡椒。

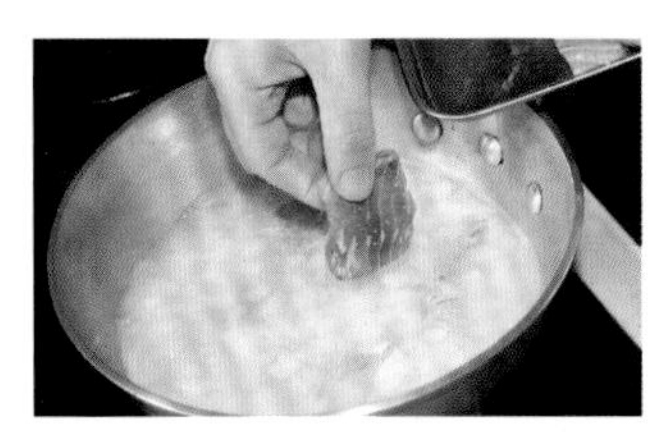

3 炖煮约10分钟后，撇去杂质，放入白鲑鱼，小火慢慢炖煮。

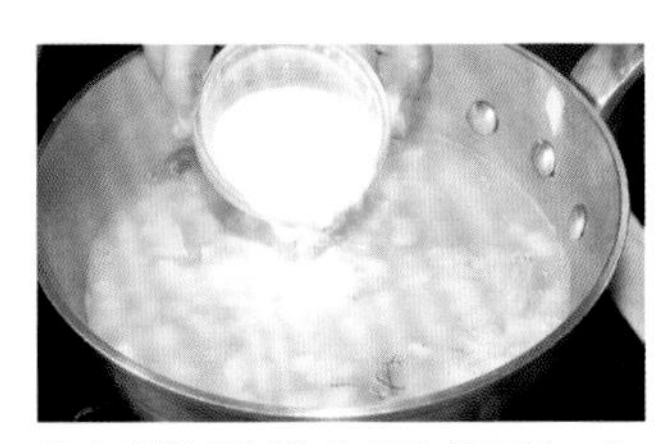

4 鱼肉煮熟后倒入牛奶和鲜奶油，加盐和黑胡椒调味。

Point

不要将鲑鱼肉煮烂。

用时
30分钟

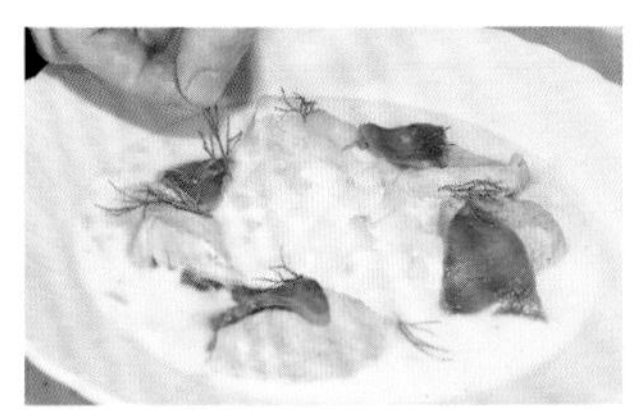

5 盛出后放上烟熏鲑鱼和茴香叶装饰。

海味汤

材料（2人份）
白身鱼块100g
鹰爪虾2只（130g）
贻贝4个（120g）
墨斗鱼4只（100g）
章鱼2只（80g）
扇贝肉2个（60g）
洋葱1/2个（100g）
熟透的番茄1个（200g）
西班牙生火腿10g
鱼高汤500mL
雪莉酒50mL
蒜1/3瓣（3g）
橄榄油20mL、黄油5g
盐、黑胡椒各适量

杏仁酱
杏仁片2大勺
藏红花1/4小勺
蒜1/3瓣（3g）
松仁5粒、香芹碎1大勺
面包粉2大勺

Point

利用杏仁酱增加汤的浓度。

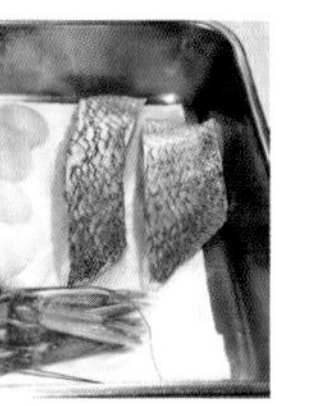

1　去除虾线和扇贝肉上的杂质，鱼块切成适口大小，贻贝洗净后去掉足丝。

2　藏红花炒制后用手碾碎。

3　将杏仁片、松仁和面包粉放入烤箱，170℃烤约10分钟。

4　锅中倒入鱼高汤和雪莉酒，放入贻贝煮至开口后捞出，去掉一边的壳。

5　另起锅倒入15mL橄榄油，加热后放入切碎的蒜、生火腿和切碎的洋葱翻炒。番茄用水煮后切小块。

6　将步骤4的汤汁过滤后倒入步骤5的锅中，搅拌均匀。

7　制作杏仁酱。将藏红花、步骤3中烤过的材料、香芹碎和蒜碾碎。

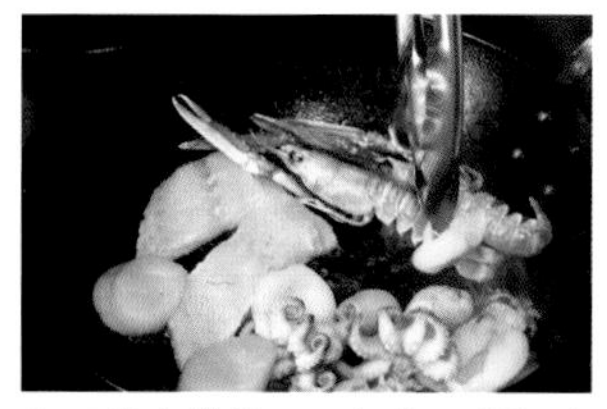

8　鱼贝类上撒盐和黑胡椒。煎锅中加入剩余橄榄油和黄油，加热后放入鱼贝类，大火煎炒。

9　加入步骤6的汤汁和切小块的番茄。

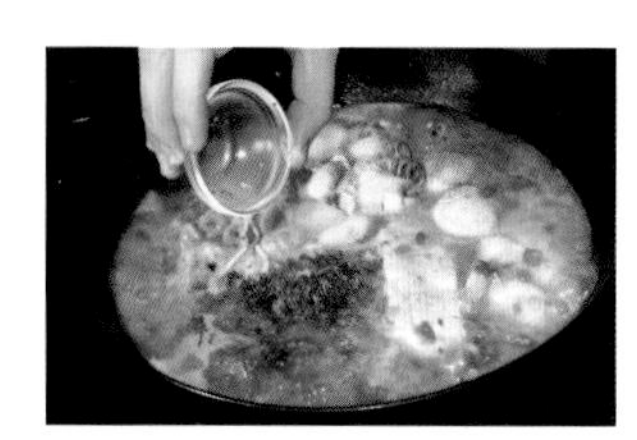

10　撇去杂质，加入杏仁酱和贻贝，轻轻搅拌后盛出。

鸡翅猪肝麦片汤（P147）
德国

肉汤6款

充分去除杂质和油脂，只保留汤的纯粹美味

参鸡汤（P148）
●韩国●

鸡翅猪肝麦片汤

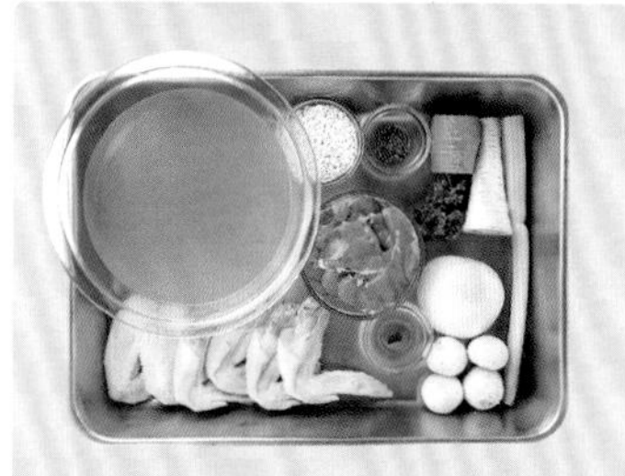

材料（2人份）
鸡翅6根（300g）
鸡肝200g
鸡高汤4杯（800mL）
洋葱1/2个（100g）
胡萝卜1/3根（50g）
西芹1/2根（50g）
白萝卜1/2根（50g）（或1/4根胡萝卜）
蘑菇4个（30g）
丁香1根
麦片4大勺
黑胡椒碎少许
粗盐、盐、黑胡椒各适量

装饰
香芹碎1小勺

Point

鸡肝要去除多余的血管和筋后再制作。

用时
60分钟

1 洋葱切成两半，将丁香插在其中一半上，将另一半洋葱、胡萝卜、西芹、白萝卜和蘑菇切成5mm见方的丁。

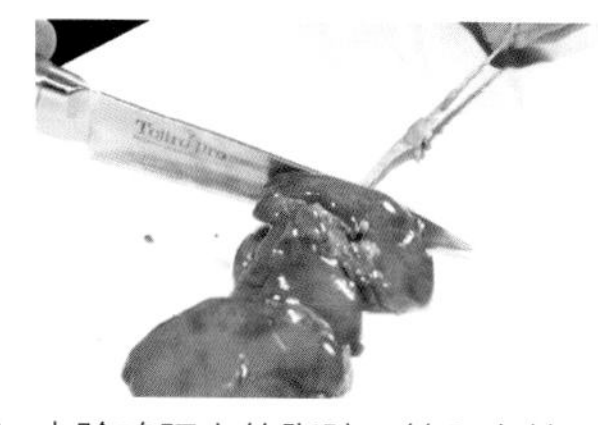

2 去除鸡肝上的脂肪、筋和血管，切成小块。

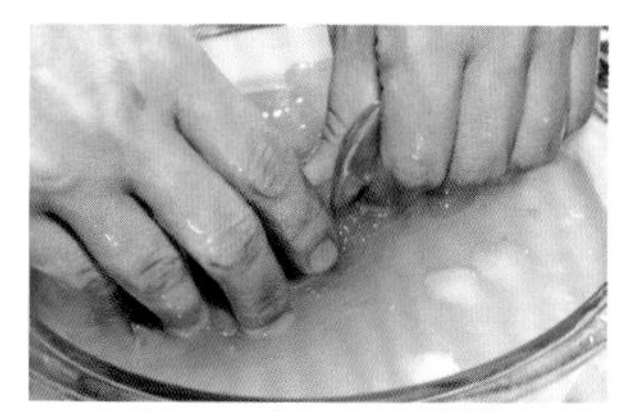

3 将鸡肝放在冰水中仔细搓洗干净，沥干。

4 在鸡翅和鸡肝上撒盐和黑胡椒碎。鸡肝上要多撒些调料，并用手揉匀。

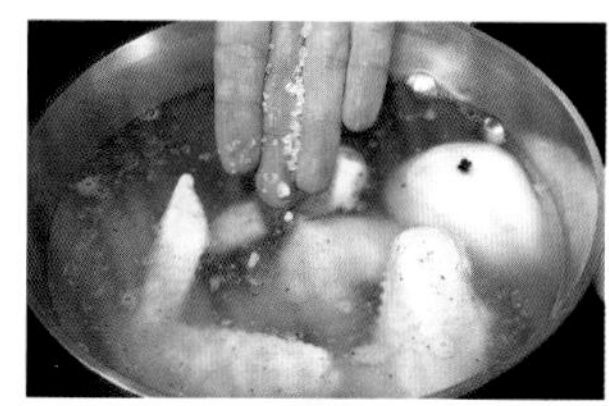

5 锅中倒入鸡高汤，放入鸡翅和插有丁香的洋葱，加粗盐和黑胡椒调味，炖煮约30分钟。

6 撇去杂质，将洋葱、胡萝卜、白萝卜、西芹和麦片放入锅中，炖煮约10分钟。

7 放入鸡肝。

8 放入蘑菇后再炖煮约5分钟。

9 将插有丁香的洋葱捞出。

10 加盐和黑胡椒调味，盛出后撒香芹碎。

参鸡汤

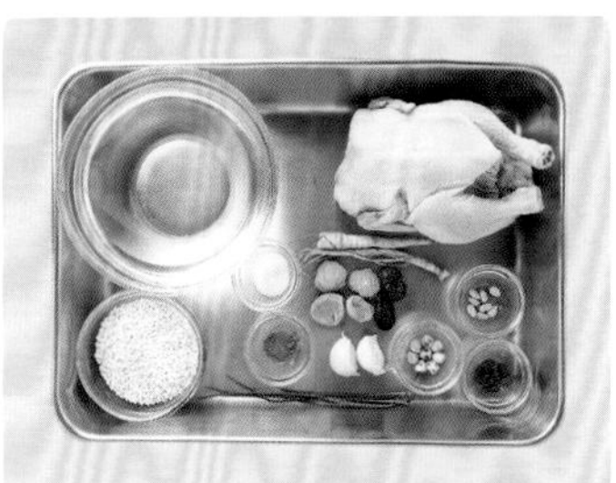

材料（2人份）
雏鸡（土鸡）1只（700g）
糯米2/3杯（100g）
干高丽参2根
莲子8个、干枣2个
蒜2瓣（20g）
枸杞8粒、松仁8粒
干栗子仁4个、水1.5L
胡葱、盐、黑胡椒适量

Point

鸡毛和内脏一定要清除干净。

用时
4小时
※ 不包括浸泡时间

1 莲子、干枣浸泡30分钟，干栗子仁浸泡一晚。糯米洗净后浸泡30分钟，沥干水分。

2 将莲子、枣、蒜、枸杞、松仁、栗子仁和干高丽参放入糯米中，搅匀。

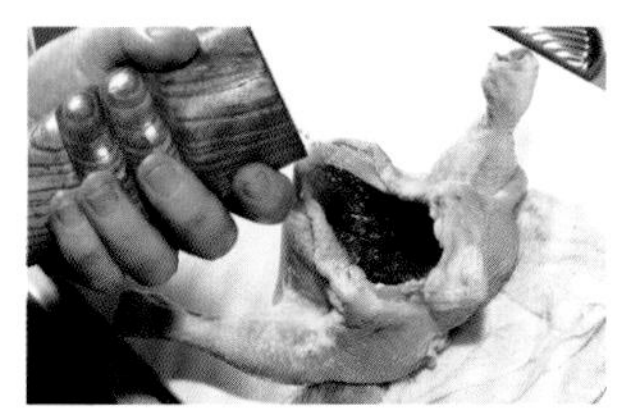

3 在处理好的鸡腹中抹盐和黑胡椒。

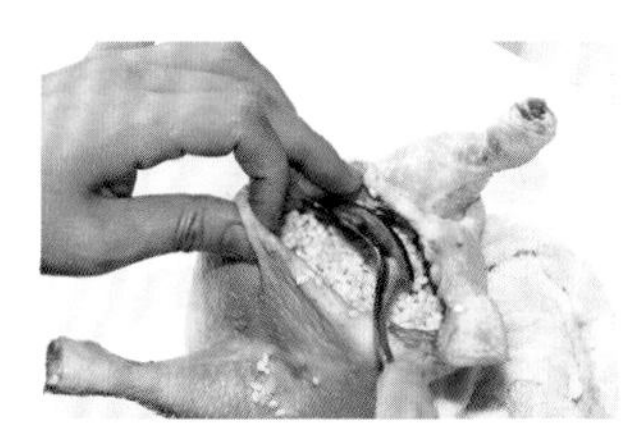

4 将步骤2中的材料填入鸡腹中。
糯米煮熟后会膨胀，不要填得过满，七成满即可。

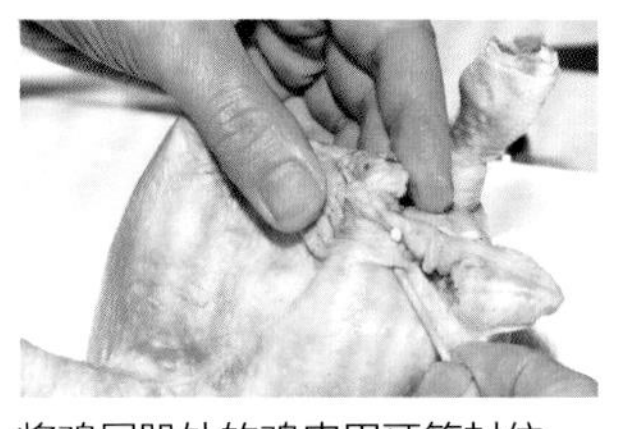

5 将鸡屁股处的鸡皮用牙签封住。

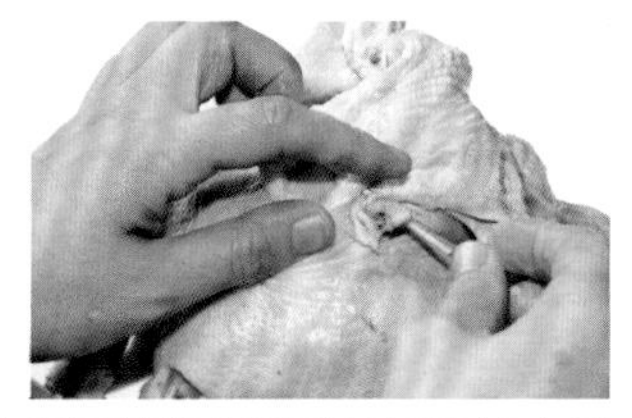

6 用牙签将鸡脖子处的皮固定在后背上。

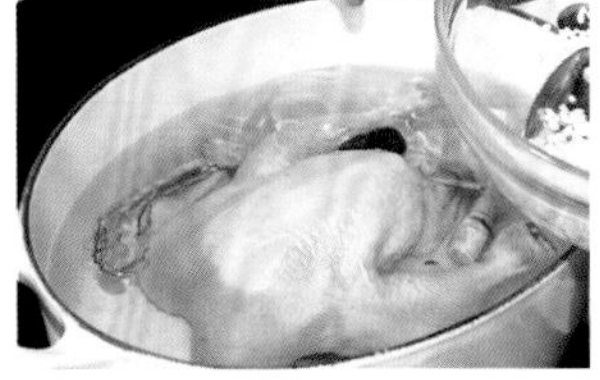

7 锅中放入水和鸡，开火加热，放入剩余的、除糯米外的填充料炖煮。

8 汤沸腾后撇去杂质。

9 加入剩余的糯米，炖煮3小时（高压锅30分钟）。

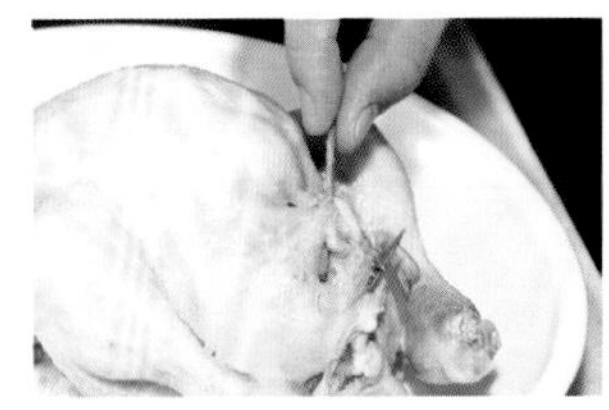

10 将鸡盛出，去掉牙签，盛出其他食材，淋上鸡汤，撒切丝的胡葱装饰。

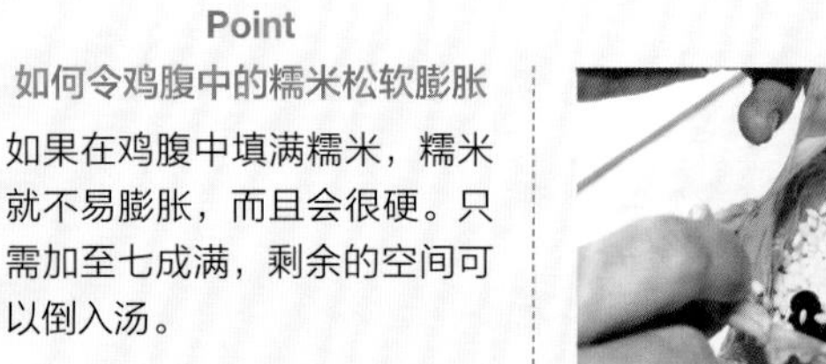

Point

如何令鸡腹中的糯米松软膨胀

如果在鸡腹中填满糯米，糯米就不易膨胀，而且会很硬。只需加至七成满，剩余的空间可以倒入汤。

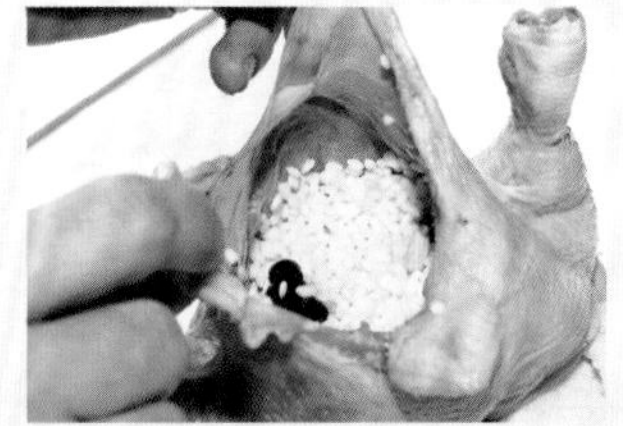

吸入汤汁的糯米会更美味。

Point

如何使鸡汤更具色香味

鸡肉中有很多油脂，如果将鸡身上和鸡皮内的大块脂肪去除，炖煮后的汤中就不会有太多油脂。此外，血和内脏会破坏鸡汤的味道，要仔细去除干净。

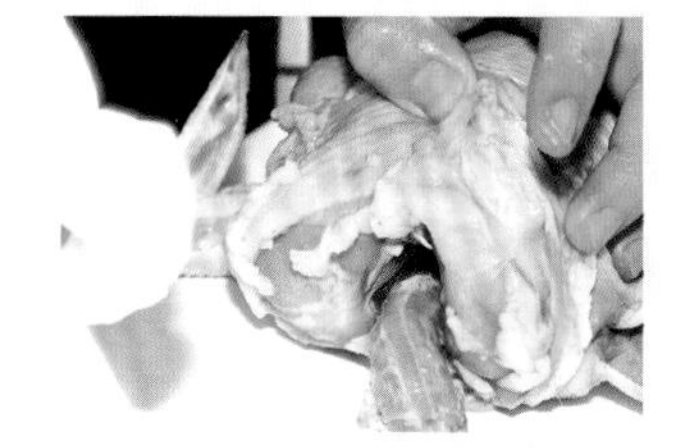

用毛巾或纸巾辅助，更容易去除油脂。

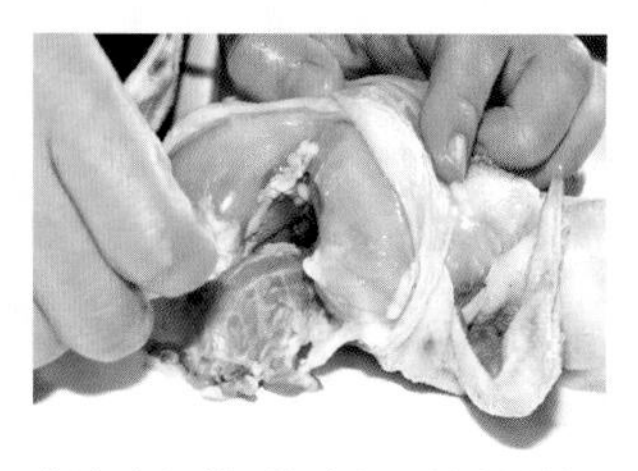

去除鸡胸附近的油脂，并去掉锁骨。

雏鸡预处理

1 将雏鸡放在火上烧一下，用毛巾或纸巾擦去鸡毛。
2 用镊子将残留的鸡毛拔干净。
3 用纸巾将鸡腹内的油脂擦干净。
4 用纸巾将鸡腹中残留的血和内脏去除干净。
5 将鸡屁股和周围的脂肪去除干净。
6 从头向屁股方向深深划一刀，撕开鸡皮。
7 用刀沿着鸡胸肉旁边的锁骨划开。
8 将锁骨周围的肉撕开，将锁骨取出。
9 将鸡脖子切掉，将皮搭在鸡后背上。
10 将皮固定在鸡翅下面。

羊羔肉炖蔬菜汤（P152）
●乌兹别克斯坦●

鸡肉丸子汤（P151）
●中国●

牛尾汤（P152）
●英国●

鸡肉丸子汤

材料（2人份）
鸡清汤（P19）3杯（600mL）
扇贝肉8g
香菇4个
火腿20g
干枣4个
Ⓐ 酱油1小勺
白酒1大勺
盐1小勺

配菜
草菇6个、冬瓜60g
鸡架高汤2杯（400mL）

肉丸
鸡肉馅80g
葱碎1/2大勺
姜汁少许、淀粉少许
Ⓑ 酱油1小勺
料酒1小勺
香油少许

Point

将汤表面漂浮的油脂撇干净，制作出清澈的高汤。

用时
2小时30分钟

1 在耐热的玻璃碗中倒入鸡清汤，放入干枣、扇贝肉、火腿和香菇，浸泡30分钟。

2 草菇切成两半，在沸水中煮1分钟，去除异味，然后沥干水分。

3 冬瓜去皮，切成小块，在沸水中煮至可以轻松扎透。

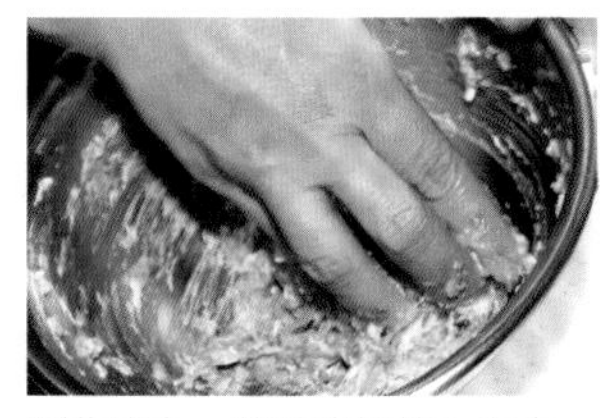

4 泡过的火腿切3mm厚的条，香菇去梗，划十字刀，放回鸡清汤中，加入材料Ⓐ。

5 将湿布盖在玻璃碗上，放入蒸锅，蒸1个小时。

6 制作肉丸。将鸡肉馅放入盆中，加入葱碎、酱汁、材料Ⓑ和淀粉，搅拌均匀。

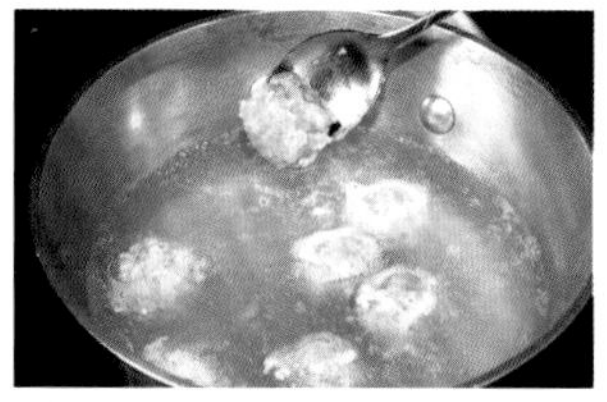

7 将肉馅握在手中，从虎口挤出，用勺子放入鸡架高汤中氽煮。

8 在鸡清汤中放入草菇和冬瓜，继续蒸10分钟。

9 用纸巾将漂浮在汤表面的油脂吸除。

10 将汤盛出，把氽熟的鸡肉丸放到汤中。

材料（2人份）

羊羔肩肉150g、土豆1个（80g）

洋葱1/2个（100g）

青椒1个（40g）

胡萝卜1/5根（30g）

番茄1/2个（100g）

蒜1瓣（10g）

红辣椒1/2根（1.5g）

水1.2L、橄榄油1大勺

Ⓐ 茴香子少许
香菜子少许
盐、黑胡椒、色拉油适量

装饰

香菜、茴香各少许

用时
1小时30分钟

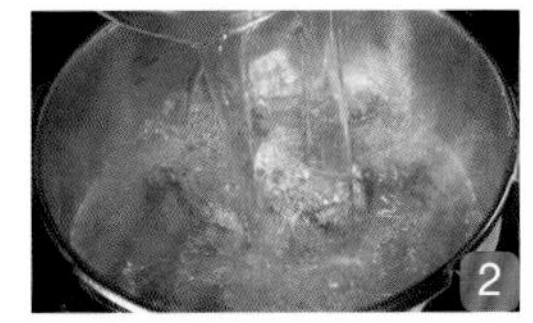

1 将羊羔肩肉切成适口大小，撒盐和黑胡椒。锅中倒入色拉油，加热后将羊肉翻炒上色。
2 羊肉呈焦黄色后，加水，用铲子将粘在锅上的油脂铲下，炖煮约60分钟。
3 撇去汤表面的杂质和油脂。
4 洋葱切1cm宽的块，其他蔬菜切2cm见方的块，红辣椒去子，蒜切碎。
5 锅中倒入橄榄油，加热后放蒜碎炒出香味，加入洋葱、胡萝卜、青椒翻炒，然后加入材料Ⓐ和红辣椒。
6 将炒熟的蔬菜、番茄和土豆放入羊肉汤中，炖煮至土豆变软。盛出后撒茴香和香菜装饰。

材料（2人份）

牛尾4块（800g）

面粉适量、牛油20g

牛肉高汤1.5L

百里香、月桂叶、盐、黑胡椒各适量

配菜

洋葱1/2个（100g）

胡萝卜2/3根（100g）

芜菁甘蓝（或芜菁）1/2个（80g）

西芹1/2根（50g）

牛油10g

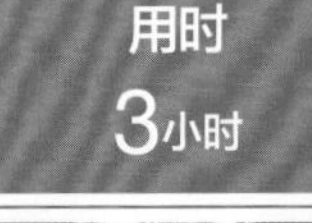

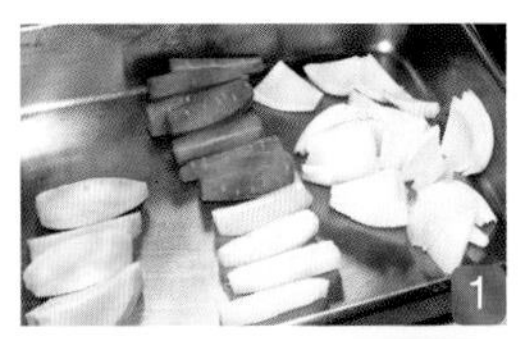

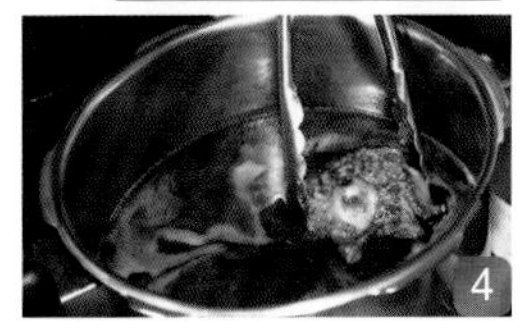

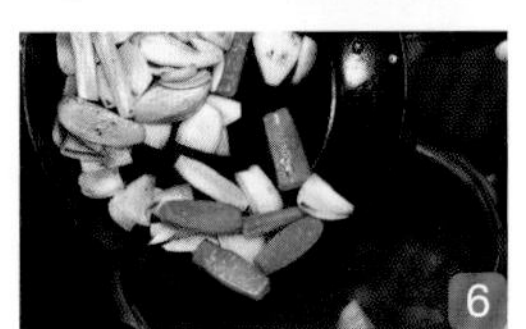

1 洋葱切大块，胡萝卜、西芹、芜菁甘蓝切长5cm的条，将尖角部分切掉。
2 牛尾上撒盐和黑胡椒，涂抹均匀后撒上面粉。
3 煎锅中放入牛油，加热后将牛尾煎至焦黄色。
4 汤锅中倒入牛肉高汤，放入牛尾，煮沸后撇去杂质，炖煮约2.5小时。
5 在煎过牛尾的锅中放入牛油，加热后放入蔬菜翻炒。
6 在牛尾汤中加入蔬菜和百里香、月桂叶，继续炖煮至蔬菜变软。加盐和黑胡椒调味后盛出，放百里香和月桂叶装饰。

材料（2人份）
鸡腿2只、牛尾2个（400g）
圆白菜1/4个（200g）
小洋葱4个（160g）
茴香茎1/2根（75g）
西葫芦1/2个（75g）
土豆1个（80g）、牛肉高汤1.5L
百里香1枝、月桂叶1片
盐、黑胡椒各适量

欧芹酱
欧芹3根、罗勒4片
蒜1/2瓣（3g）、鳀鱼1/2片
西式泡菜10g、刺山柑1/2大勺
白葡萄酒醋1/2大勺
初榨橄榄油50mL

用时
4小时

蔬菜杂烩肉汤

1 锅中放入牛肉高汤、百里香、月桂叶和牛尾，炖煮2.5小时（高压锅25分钟），然后放入鸡腿。

2 西葫芦纵向切成4份，圆白菜纵向切成两半，茴香茎切两半，小洋葱去皮后切十字刀。

3 撇去汤中的杂质，加入所有蔬菜，继续炖煮40分钟。

4 制作欧芹酱。将欧芹和罗勒茎去除，蒜、鳀鱼、西式泡菜切大块。

5 将所有制作欧芹酱的材料放入搅拌机，搅拌成液体后加入盐和黑胡椒调味。

6 将炖好的食材盛出，汤过滤后倒入其中。欧芹酱根据个人口味添加到汤里。

白芸豆炖菜（P155）

●意大利●

蔬菜汤5款

不仅具有优质的味道和口感，色彩也非常丰富

韭葱汤（P156）

●瑞士●

帝王菜汤（P156）

●埃及●

白芸豆炖菜

材料（2人份）
白芸豆1/3杯（60g）
水2杯（400mL）
洋葱1/2个（100g）
茴香茎1/2根（75g）
芦笋2根（40g）
圆白菜1片（60g）
番茄1/2个（80g）
鸡蛋2个（120g）
长面包4片
蒜1/2瓣（5g）
红辣椒1/2根
橄榄油1大勺
百里香、月桂叶、盐、黑胡椒各适量

Point

碾碎的白芸豆可以增加汤的浓度。

用时
1小时20分钟
※ 不包括白芸豆浸泡时间

1 将白芸豆在400mL水中浸泡一晚。将白芸豆和水一起倒入锅中，放入百里香和月桂叶，炖煮约40分钟。

2 锅中倒入橄榄油，加热后放入蒜和红辣椒炒出香味。茴香茎切1cm宽，洋葱和圆白菜切块，全部放入锅中翻炒。

3 将一半白芸豆和全部汤汁倒入步骤2的锅中。

4 将剩余的白芸豆碾碎。

5 在步骤3的锅中放入去皮、去子、切成小块的番茄，和去皮后切4cm长段的芦笋，放入碾碎的白芸豆。

6 加盐和黑胡椒调味。将百里香、月桂叶和8根芦笋段捞出。

7 将汤盛到2个烤碗中，将配菜摆放成同一高度。

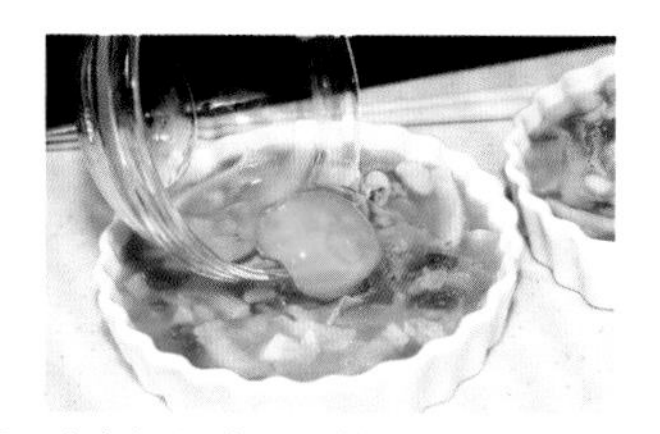

8 碗中打入鸡蛋，然后分别倒入汤中。如果直接将鸡蛋打入汤中，可能会残留鸡蛋壳。因此要先打入其他容器中，再倒入汤中。

9 将烤碗放入烤箱，250℃烤约8分钟，鸡蛋半熟时取出烤碗，放入芦笋段装饰。

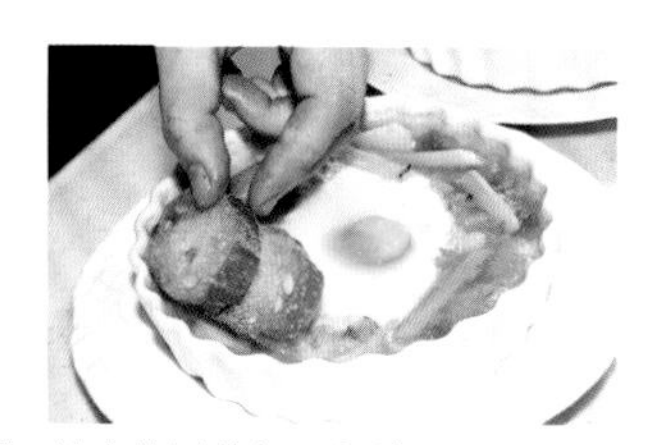

10 放上烤过的长面包片。

韭葱汤

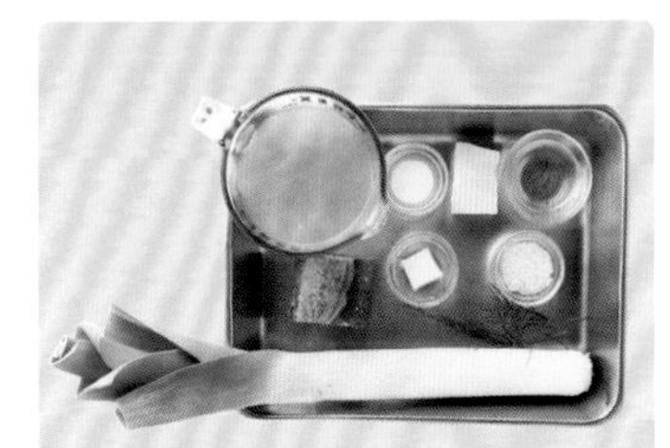

材料（2人份）
韭葱1根（200g）
大米1大勺
鸡高汤500mL
白葡萄酒2大勺
格吕耶尔奶酪50g
玉米淀粉少许
黄油10g
盐、黑胡椒各适量

装饰
长面包片4片
茴香适量

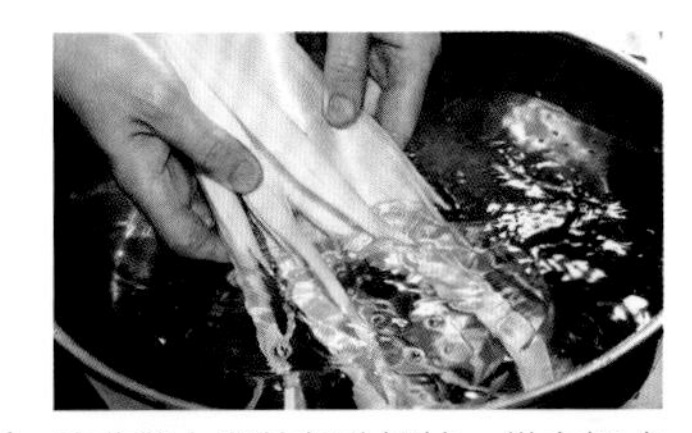

1 将韭葱上硬的部分切掉，纵向切成两半，然后一片片剥下来，放在水中仔细清洗。

2 用毛巾将韭葱上的水擦干净，切成1cm见方的块。

3 锅中放入黄油，加热化开后放入韭葱和盐，慢慢翻炒，加入鸡高汤、黑胡椒和大米，炖煮至大米变软。

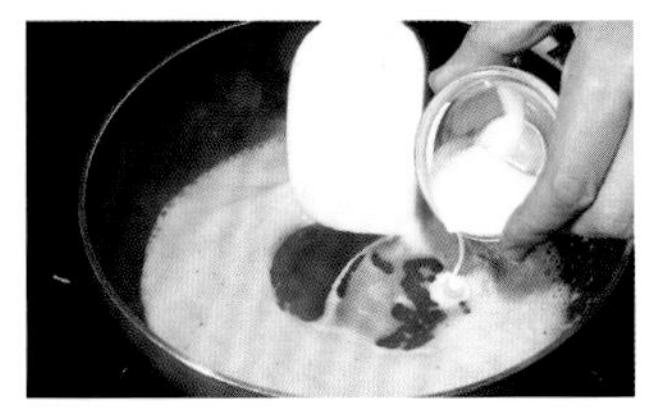

4 炒锅中加入白葡萄酒、奶酪、盐和黑胡椒，加热至奶酪化开后加入玉米淀粉。

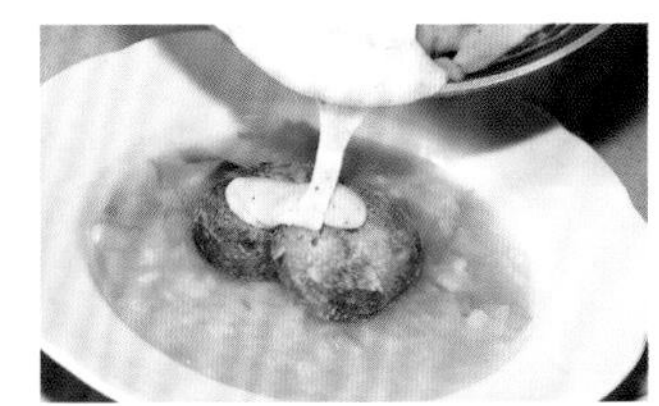

5 将步骤3的汤盛出，放上烤过的面包片，然后将步骤4的汤倒入其中，放茴香装饰。

Point

韭葱要清洗干净。

帝王菜汤

材料（2人份）
帝王菜叶1袋（50g）
番茄2/5个（80g）
鸡高汤500mL
香菜子1/2小勺
豆蔻1/2小勺
蒜1/2瓣（5g）
橄榄油2大勺
盐、黑胡椒各适量

做法

❶ 将香菜子和豆蔻碾碎。
❷ 将帝王菜叶切碎。
❸ 鸡高汤加热后放入帝王菜叶和去皮、去子、切小块的番茄，加盐和黑胡椒，小火慢慢炖煮。
❹ 另起一锅，倒入橄榄油，放入蒜、香菜子碎和豆蔻碎，炒出香味。
❺ 将步骤4的材料倒入汤中，盖上锅盖炖煮两三分钟，盛出即可。

将调味料碾碎。

要将蒜和调味料充分炒出香味。

冬瓜银耳汤（P158）

●中国●

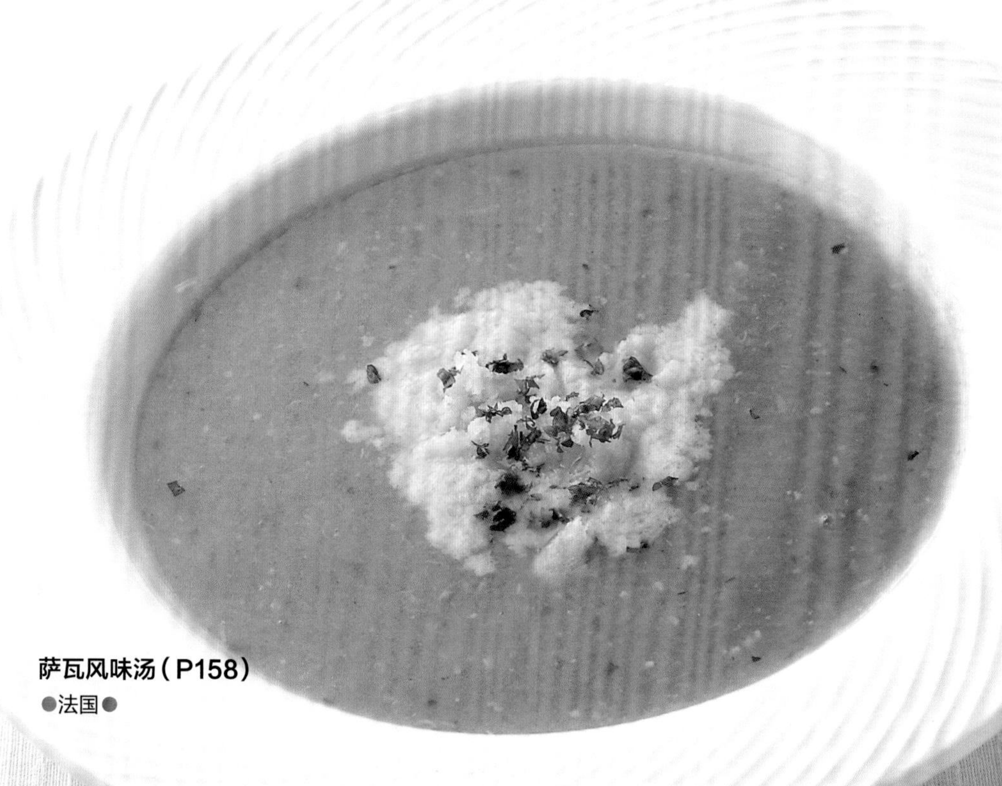

萨瓦风味汤（P158）

●法国●

冬瓜银耳汤

材料（2人份）
冬瓜200g
银耳5g
冷冻毛豆20粒
竹笋20g
火腿1片（20g）
鱿鱼丝8g
鸡架高汤3杯（600mL）
姜1块（10g）
白酒$1\frac{1}{2}$大勺
淡口酱油$1\frac{1}{2}$小勺
盐、黑胡椒、色拉油各适量

1 竹笋切薄片后洗净，冬瓜去皮后切2cm见方的块，火腿切丝，将毛豆的皮剥掉。

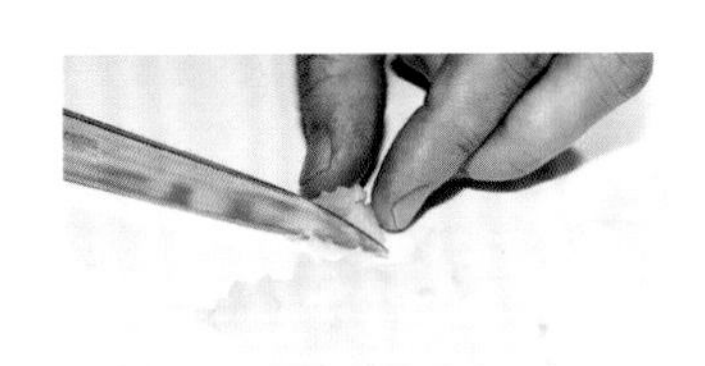

2 将银耳泡发后去掉根部。

3 冬瓜和银耳放入沸水中煮5分钟，当冬瓜可以用竹签轻松扎透时，捞出沥水。

4 锅中倒入色拉油，加热后放入切细丝的姜、火腿、鱿鱼丝和竹笋翻炒，炒熟后将白酒和淡口酱油沿着锅边倒入锅中。

Point

冬瓜皮一定要削得薄些。

用时
30分钟

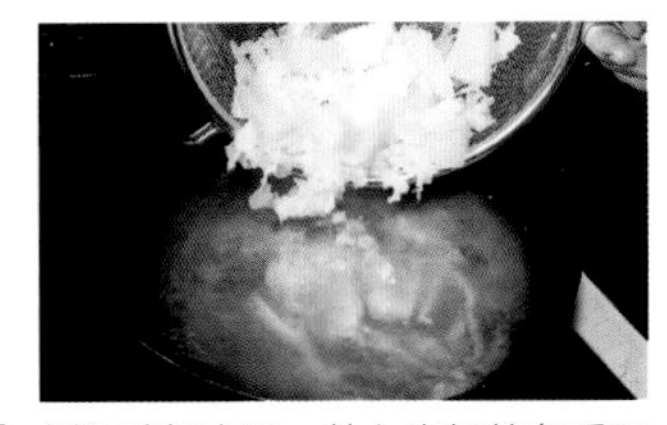

5 倒入鸡架高汤，放入煮好的冬瓜和银耳，加盐和黑胡椒调味，然后放入毛豆，稍煮片刻后盛出。

萨瓦风味汤

材料（2人份）
培根40g
洋葱2/5个（80g）
胡萝卜1/5根（30g）
西芹1/6根（15g）
西葫芦1/5个（30g）
圆白菜1/2片（30g）
番茄2/5个（80g）
土豆1/2个（70g）
鸡高汤500mL
白兰地2小勺
蒜1/2瓣（5g）
橄榄油1小勺
黄油5g
盐、黑胡椒各适量

装饰
博福尔奶酪（或格吕耶尔奶酪）15g
香芹1小勺

做法
❶ 培根和所有蔬菜切1cm见方的块，将土豆泡在水中。
❷ 锅中倒入橄榄油和黄油，加热后放入蒜翻炒，将除番茄外的所有蔬菜和培根放入锅中，加盐，翻炒。
❸ 炒熟后倒入鸡高汤，加盐和黑胡椒调味，然后加入番茄炖煮。
❹ 将汤倒入过滤器过滤。
❺ 将过滤出的汤重新加热后盛出，淋白兰地，放入擦碎的奶酪和切碎的香芹。

用过滤器制作出浓汤。

专栏20

保留原味的肉汤成品

利用市场上销售的肉汤成品，轻松做出美味靓汤

粉末、颗粒

意大利肉汤颗粒。建议用在意式海鲜汤等鱼贝类汤中。

肉汤粉或颗粒在汤水较少的料理中也能迅速溶化，因此使用非常方便，而且品种较多。

日本制的清炖肉汤。没有任何化学添加剂，形状为棒形，使用方便。

肉汤成品是如何制成的

将原材料的本味充分浓缩

市场上销售的肉汤成品是将鸡肉、牛肉、蔬菜等原材料本身的油脂和精华经过混合、干燥，浓缩成块状或颗粒。大部分产品都含有化学成分，但如今也有无添加的肉汤成品上市。

固体汤块

荷兰制的鸡肉清汤块。

制作冬阴功汤专用的肉汤块，在食材中放入此汤块，能轻松做出正宗的味道。

肉汤块适合制作需长时间炖煮的汤，将1块汤块放入300mL热水中，溶化后使用。

使用时可以加入香料或调味料，让味道更鲜美

市场上销售的肉汤成品是非常方便的调味品，做汤时使用，可以节省时间，因此是厨房必备。

肉汤成品有块状、颗粒、液体等不同类型。做汤时，推荐使用更易溶化和调味的粉末或颗粒。但因其容易受潮，所以开封后应保存在干燥阴凉处。肉汤成品种类较丰富，包括肉类、鱼类等，可以根据做汤食材选择不同的成品。

虽然有人认为用肉汤成品制作的料理味道不纯正，但如果再添加一些调味料或香料，就会让料理更加美味。

韩式火锅汤（P161）

●韩国●

辣汤5款

用调味料激发出食材的美味

香辣汤米粉（P162）

●新加坡●

香辣汤（P162）

●印度●

韩式火锅汤

材料（2人份）
牛骨200g
牛胫肉100g
鸡架1个
洋葱1/4个（50g）
葱绿1/2根（20g）
姜1块（10g）
水2L
香油1大勺
鱼露少许
盐适量

配菜
嫩豆腐1/2块（150g）
排骨120g
辣白菜120g
大葱1/2根（50g）
香菇2个
豆芽40g
魔芋丝100g
鳕鱼块1块（100g）
茼蒿1小把（80g）

Point

排骨要充分炒出香味。

用时
3小时40分钟

1 将牛骨、牛胫肉、鸡架、葱绿和洋葱切大块，姜切成两半。

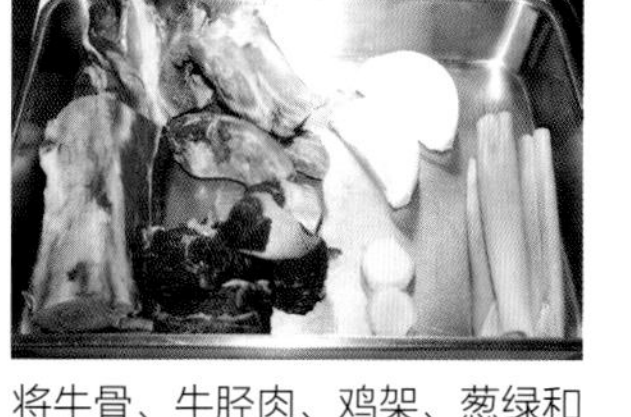

2 锅中加水和步骤1中的材料，煮沸后撇去杂质，小火炖煮3个小时。

3 将汤倒入过滤网过滤。

4 所有配菜切成适口大小，香菇去蒂，切花刀，豆芽去根。

5 锅中倒入香油，加热后放入辣白菜，大火翻炒，然后放入排骨。
排骨要充分炒出香味。

6 将过滤出的汤到入步骤5的锅中，用铲子将锅底粘着的食材铲起来。

7 加入香菇、魔芋丝和大葱，轻轻搅拌。

8 加入鱼露、鳕鱼块和豆芽。

9 加入切块的嫩豆腐，加盐和鱼露调味。

10 放入茼蒿，煮熟后盛出。

香辣汤米粉

材料（2人份）
青辣椒1根（3g）
虾酱1大勺、柠檬草茎1根
泰国姜10g、杏仁6粒
色拉油1½大勺、辣椒粉少许
姜黄粉1/4小勺
鱼高汤2杯（400mL）
椰奶1杯（200mL）
鱼露1大勺
盐、黑胡椒各适量

配菜
红辣椒1根（3g）
洋葱1/4个（50g）
墨斗鱼100g、虾4只（120g）
米粉50g、绿茄子2个

香料
酸橙1/2个、香菜适量
香葱1根（5g）

1 将切碎的柠檬草茎、青辣椒、虾酱、泰国姜、杏仁碾成酱。

2 煎锅中倒油，加热后放入步骤1的酱料翻炒，加100mL椰奶，翻炒至出油。

3 虾去虾线，墨斗鱼切丝，放入锅中翻炒，加入切成半月形的洋葱和绿茄子，继续翻炒。

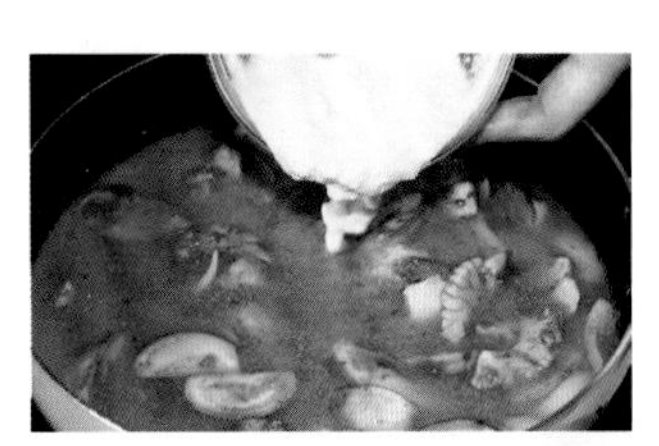

4 加入姜黄粉和辣椒粉，搅拌后放入鱼高汤、剩余的椰奶和切成两半的红辣椒。

Point

将椰奶炒至出油。

5 加入鱼露、盐和黑胡椒调味，放入用水浸泡过的米粉炖煮，最后放酸橙、香菜和香葱。

香辣汤

材料（2人份）
青辣椒1根（3g）
番茄250g
蒜1瓣（10g）
姜黄1/2小勺
香菜茎1根
罗望子30g

香辣粉
香菜子1/2小勺
茴香子2小勺
黑胡椒粒1/2小勺

配菜
红辣椒1/3根
香豆子1/3小勺
芥末子1小勺
鹰嘴豆碎15g
咖喱片3片
香菜叶1根
色拉油、盐、黑胡椒各适量

做法
❶ 罗望子用100mL热水浸泡。
❷ 香菜茎、2种辣椒和蒜分别切碎，番茄去皮、去子后切2cm见方的块，用手将咖喱片捏碎。
❸ 锅中放入番茄、蒜、香菜茎、青辣椒、姜黄和500mL水，炖煮约20分钟。
❹ 将制作香辣粉的材料放入锅中翻炒出香味，然后碾碎。
❺ 步骤3的材料煮好后，将香辣粉和泡好的罗望子过滤到锅中。
❻ 煎锅中倒入色拉油，加热后倒入配菜，小火翻炒。
❼ 在汤中加入步骤6的材料，放盐和黑胡椒调味，撒上香菜叶装饰。

过滤罗望子时要用力按压果肉。

玉米饼汤（P164）

●墨西哥●

酸辣汤（P164）

●中国●

玉米饼汤

材料（2人份）
番茄2个（300g）
洋葱1/3个（60g）
蒜1瓣（10g）
玉米油2大勺
鸡高汤300mL
盐、黑胡椒各适量

配菜
玉米饼8片
牛油果1/2个（100g）
墨西哥辣椒2根
奶酪2大勺

1 将墨西哥辣椒放入锅中翻炒出香味，然后放入热水中，加盖，泡软。

2 将叉子从番茄蒂处插入，用火烤一下番茄，去皮、去蒂后切大块。

3 将蒜、切片的洋葱放入煎锅，不用放油，烤上色后和番茄一起放入搅拌机搅拌。

4 锅中倒入玉米油，加热后放入搅拌好的汤，和油充分融合后加入鸡高汤、盐和黑胡椒，煮10分钟，撇去杂质后盛出。

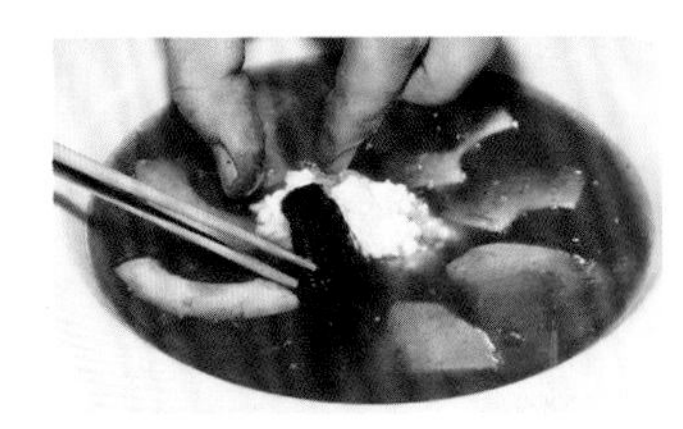

5 牛油果去皮、去子后切薄片，放在汤上，然后放入奶酪、辣椒和玉米饼。

Point

将蔬菜烤出香味。

用时
40分钟

酸辣汤

材料（2人份）
嫩豆腐1/5块（60g）
猪肉馅25g
火腿3/4片（15g）
竹笋20g
大葱1/5根（20g）
豆芽25g
干扇贝肉5g
蟹肉20g
茼蒿10g
鸡蛋1个（60g）
鸡架高汤3杯（600mL）
酱油1小勺
白酒2小勺
水淀粉2大勺
香油1小勺
辣椒油1小勺
醋2大勺
黑胡椒、色拉油各适量

装饰
香菜适量

做法
❶ 将干扇贝肉和茼蒿分别泡水，茼蒿切成小段。
❷ 锅中倒入色拉油，加热后放入切丝的大葱和猪肉馅翻炒，然后加入切丝的火腿和竹笋。
❸ 加入白酒、酱油、扇贝肉、30mL浸泡扇贝的水和蟹肉，继续翻炒。
❹ 倒入鸡架高汤，放入切条的嫩豆腐、豆芽和茼蒿。
❺ 用水淀粉勾芡。
❻ 将鸡蛋打散后倒入汤中，关火后轻轻搅拌。
❼ 碗中放入香油、辣椒油、醋、黑胡椒、切碎的香菜，倒入步骤6的汤，根据个人口味加辣椒油。

把调料事先放在碗中。

辣味芒果羹（P166）

●墨西哥●

冷汤3款

爽口的水果冷汤是不可或缺的开胃汤

黄瓜酸奶羹（P167）

●保加利亚●

哈密瓜羹（P167）

●法国●

辣味芒果羹

材料（2人份）
红椒1个（150g）
黄椒1个（150g）
芒果40g
洋葱2/5个（80g）
墨西哥辣椒1根
鸡高汤1杯（200mL）
初榨橄榄油1大勺

装饰
红、黄椒各适量

用时
20分钟

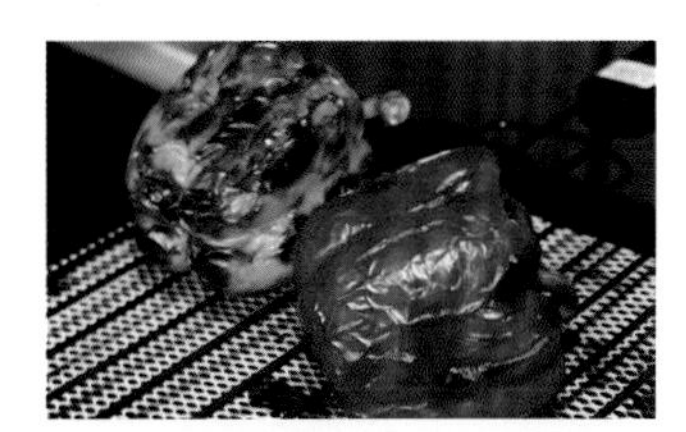

1 将红、黄椒放在烤架上烤至上色，然后放进塑料袋中，用热气闷一会儿。

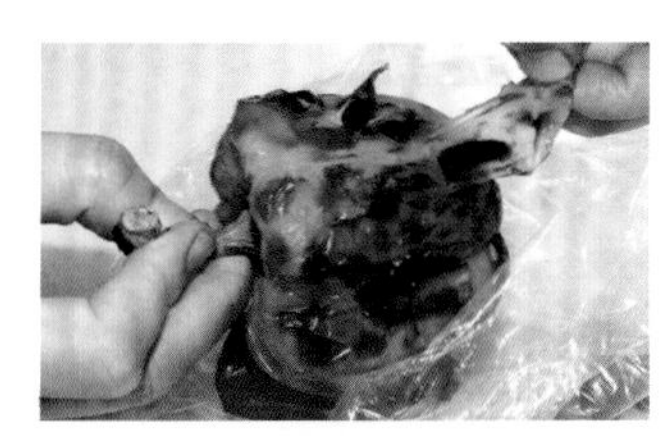

2 将红、黄椒的皮剥掉，去蒂、去子后切成两半。

3 将红、黄椒各切出10条作装饰。

4 将剩余的红、黄椒切大块，和鸡高汤一起放入搅拌机。

5 洋葱切片，芒果切2cm见方的块。

6 将洋葱放入煎锅，不放油，小火烤熟。

7 将墨西哥辣椒放在烤架上，用小火烘烤出香味后，浸泡到热水中。

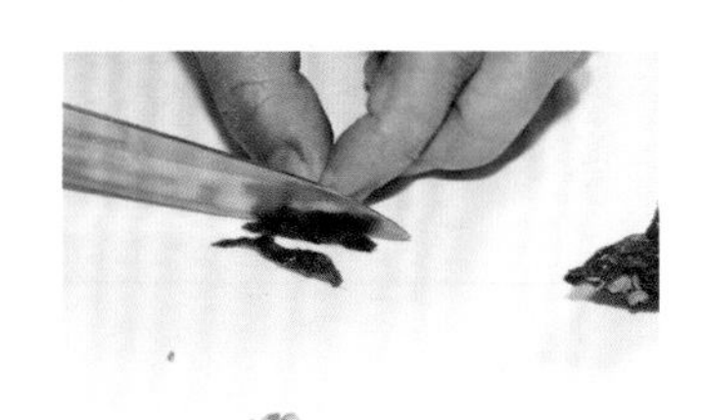

8 辣椒变软后，用毛巾擦干表面水分，去子后纵向切成3等份。

9 在搅拌机中加入步骤8的辣椒、洋葱、芒果、初榨橄榄油，搅拌后盛出，放上红、黄椒装饰。

材料（2人份）
哈密瓜1个
鲜奶油40mL
麝香葡萄酒2小勺
白砂糖1大勺
盐适量

装饰
覆盆子4～6粒
蓝莓4～6粒
薄荷叶少许

用时 20分钟

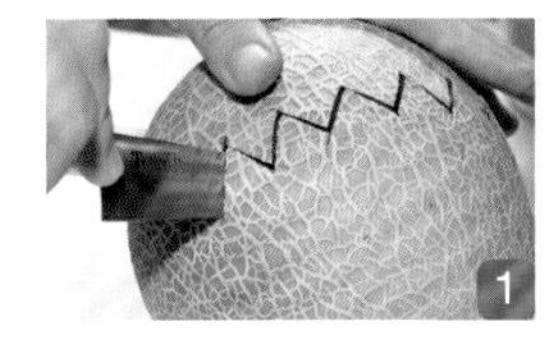

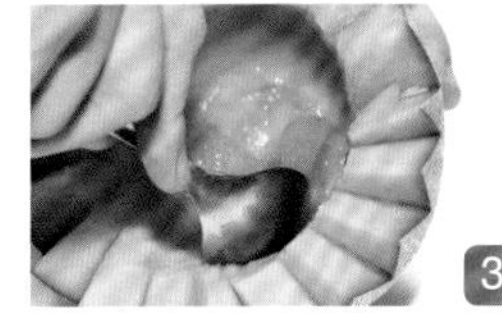

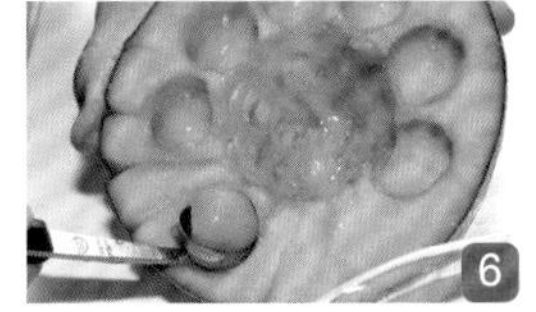
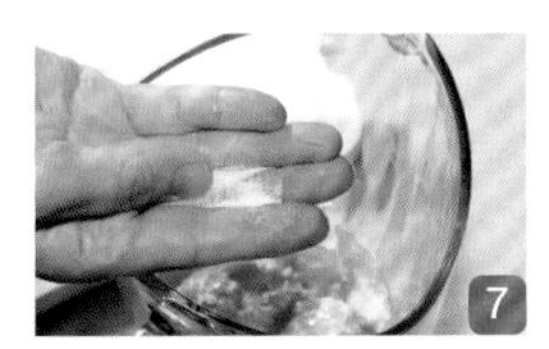

1 将刀插进哈密瓜中，划出锯齿状，将哈密瓜切开。
2 哈密瓜去子，将中间的果肉挖出，做成碗形。
3 用勺子挖出8个哈密瓜球。
4 将步骤2中挖出的果肉和白砂糖、麝香葡萄酒、鲜奶油、盐放入搅拌机中搅拌。
5 将搅拌均匀的哈密瓜羹倒入哈密瓜中，放上哈密瓜球、覆盆子和蓝莓，撒薄荷叶装饰。
6 如果用玻璃碗作容器，可以将哈密瓜切成两半，用挖球器挖出8个哈密瓜球。
7 将剩余果肉和白砂糖、麝香葡萄酒、鲜奶油、盐放入搅拌机中搅拌。盛到玻璃碗中，放入哈密瓜球和覆盆子、蓝莓、薄荷叶。

错误！
汤味发涩，味道变差

如果哈密瓜的子没有去除干净，汤的味道就会变差。去子时可以刮掉子周围的果肉，因为这部分果肉有涩味，不适合做汤。

如果汤中有子周围的果肉，汤就会发涩。

黄瓜酸奶羹

材料（2人份）
酸奶酪250g
黄瓜1根（100g）
初榨橄榄油1/2大勺
蒜碎少许
鸡高汤100mL
盐、黑胡椒少许

装饰
初榨橄榄油、香芹少许
核桃仁2大勺

做法
❶ 将核桃仁放入烤箱，170℃烤10分钟，取出后切碎。
❷ 切掉黄瓜顶部，将黄瓜切成5mm见方的丁。
❸ 在黄瓜丁里撒盐，黄瓜出水后加入初榨橄榄油、盐和黑胡椒。
❹ 黄瓜腌渍10分钟后，加入酸奶酪、蒜碎、鸡高汤、盐和黑胡椒，搅匀。
❺ 盛出后撒上核桃碎、香芹，滴几滴初榨橄榄油。

使用切掉的黄瓜涂抹切口，就会有黏液渗出。

蒜要擦碎后直接放入汤中。

专栏21

让汤味更加丰富的装饰汤料

装饰汤料能给汤的造型和口感带来更多的变化

		做法
1	芸豆丁	切成5mm见方的丁。
2	番茄丁	去皮、去子后切丁。
3	木薯粉团	将干木薯粉团煮后使用。
4	胡萝卜丁	去皮后切成5mm见方的丁。
5	红椒、西芹、洋葱丁	分别切小丁后混合。
6	黄色小番茄块	去蒂后切成半月形。
7	白萝卜丁	去皮后切5mm见方的丁。
8	油炸面包丁	面包切丁后油炸。
9	黄瓜球	用挖球器挖出球形。

切细丝或菱形

除了法式料理，在中式和日式料理中也经常使用装饰汤料，即使只是添加一些蔬菜丝，也会让整个料理更加美丽。

装饰汤料除了给料理增色，还有很多用途

在清炖肉汤或浓汤中，可以将蔬菜或面包等切成小丁，作为装饰汤料放入其中，不仅可以给料理增色，还有很多其他用途。比如，西餐中的清炖肉汤，为了与下一道料理搭配更加协调，可以用装饰汤料调整味道。为了在浓汤中体现出原材料的味道，可以将原材料的一部分作为装饰汤料使用。顺便说一下，作为装饰汤料使用的油炸面包，据说最初是将干燥的面包泡在汤里食用而产生的。

装饰汤料一般都切得较小，这是因为在法式料理中规定，装饰汤料是不能从汤勺中露出来的。因此，大部分装饰汤料都切成碎或小条。

双菇卡布奇诺（P171）

●意大利●

蘑菇汤3款

蘑菇独特的香味和汤非常配

烤杂菌汤（P171）

●意大利●

酥皮奶油蘑菇汤（P170）

●法国●

酥皮奶油蘑菇汤

材料（2人份）
口蘑7个（60g）
丛生口蘑50g
洋葱2/5个（80g）
白薯1/2根（100g）
豌豆6根
鸡高汤500mL
鲜奶油500mL
水淀粉2大勺
黄油1大勺
酥皮面饼2片
面粉、鸡蛋液各适量
盐、黑胡椒各适量

1 将洋葱、白薯、口蘑、丛生口蘑切1cm见方的丁，豌豆去筋。

2 锅中放入黄油，加热化开后放入洋葱、白薯、口蘑和丛生口蘑翻炒，倒入鸡高汤，炖煮至蔬菜变软。

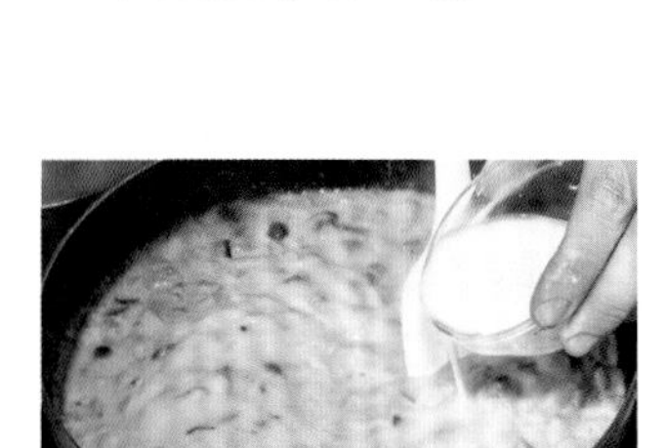

3 加入鲜奶油，加盐和黑胡椒，搅匀后倒入水淀粉勾芡。

4 将汤倒入盆中，放入凉水中冷却。如果汤没有冷却，就会令酥皮化开，因此需要冷却。

5 将豌豆放入沸水中焯至鲜绿色，放入过滤网中沥干水分，冷却。

6 将冷却的汤倒入烤碗中，豌豆切成段，放在汤上。

7 将酥皮面饼铺平，撒上面粉，将面饼切成比烤碗稍大的圆形，在边缘涂抹蛋液。

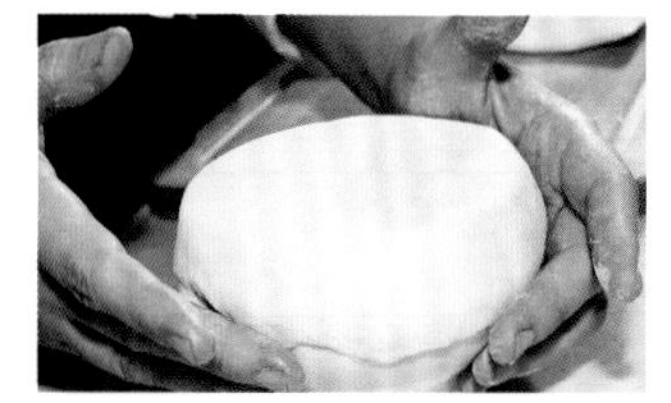

8 将面饼盖在烤碗上。要将边缘封紧，以免进入空气，酥皮就不容易膨胀。

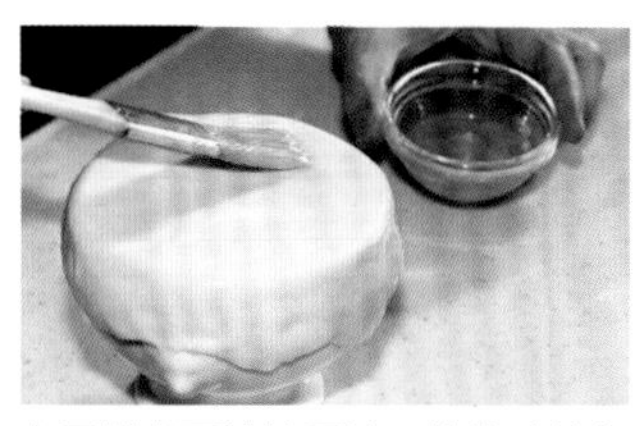

9 在面饼表面涂抹蛋液，将烤碗放入烤箱，200℃烤约15分钟。

双菇卡布奇诺

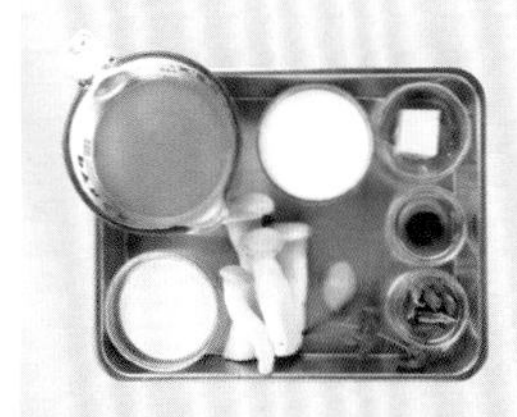

材料（2人份）
杏鲍菇4根（100g）
干牛肝菌2g、香葱5g
鸡高汤2杯（400mL）
鲜奶油50mL、牛奶80mL
黄油15g
盐、黑胡椒各适量

装饰
欧芹少许
辣椒粉少许

用时
1小时10分钟

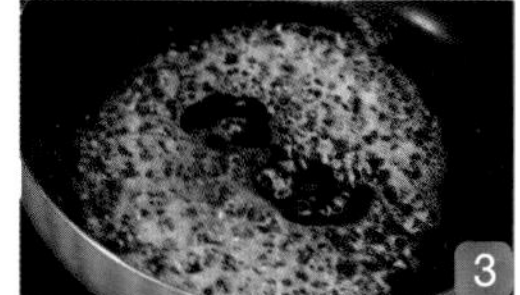

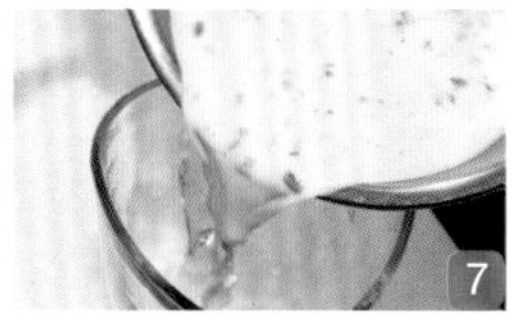
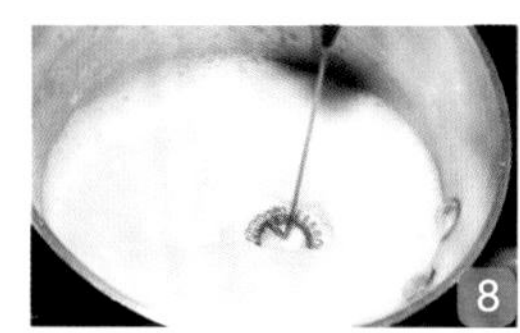

1 将干牛肝菌浸泡30分钟后，挤干水分，切块。浸泡牛肝菌的水不要倒掉，留用。
2 将杏鲍菇和香葱切碎。
3 锅中放入黄油，加热化开后放入香葱翻炒。
4 加入杏鲍菇，翻炒变软后放入牛肝菌。
5 炒出香味后倒入鸡高汤和少许步骤1的水，撒盐和黑胡椒，炖煮约15分钟。
6 鲜奶油留1大勺作装饰，剩余的加入锅中，搅拌后将汤盛出，浸泡到凉水中冷却。
7 汤变凉后倒入搅拌机搅拌，加盐和黑胡椒调味。
8 另起锅加热牛奶，煮沸后将牛奶搅拌至起泡。
9 将步骤7的汤再次加热后盛出，在上面倒上牛奶泡，放上欧芹和辣椒粉。

烤杂菌汤

材料（2人份）
舞菇30g
丛生口蘑30g
杏鲍菇1根（30g）
口蘑4个（30g）
培根30g
鸡蛋2个（120g）
菠菜1小把（20g）
大葱1/2根（50g）
鸡高汤500mL
雪莉酒1小勺
盐、黑胡椒各适量

做法
❶ 将杏鲍菇纵向切成5mm宽的条，口蘑纵向切成4等份，舞菇和丛生口蘑拆开，大葱斜切成条，培根切1cm宽的条。
❷ 将鸡蛋在70℃水中煮成温泉蛋。
❸ 将步骤1中的所有材料放在烧烤架上烘烤。
❹ 锅中倒入鸡高汤，沸腾后加盐和黑胡椒调味。
❺ 将烤好的材料放入汤中，加入切成3cm长段的菠菜，煮沸。
❻ 煮好后倒入雪莉酒，放上温泉蛋。

将鸡蛋在70℃水中煮约30分钟。

一面烤出焦黄色后反面继续烤。

专栏22

鲜美汤汁的宝库！做汤必备的干货

能灵活使用的干货的魅力

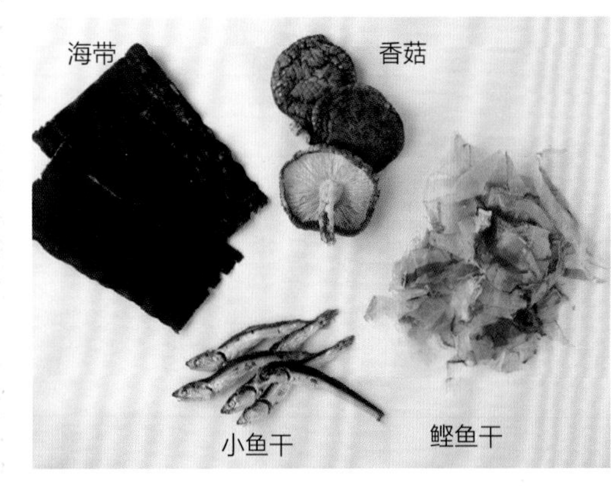

干货的应用

汤汁就是浸泡过干货的水，比如用海带做出汤汁后，将海带切丝，制作料理，不会造成浪费。

用浸泡干货的水做汤

蘑菇类的干货应先用刷子清洗干净后再浸泡。浸泡的水中会残留泥沙，因此只使用上层干净的水即可。

日常可以储备一些干货，浸泡过的水也可以利用

干货有时会被误认为浸泡时间较长、处理较麻烦的食材，而实际上干货是富含天然美味成分、膳食纤维、维生素和矿物质的优质食材。干货的浸泡时间不等，短则10分钟，长则要半天以上。如果睡前将干货浸泡，第二天早上就可以使用。因此，干货使用起来并不麻烦。

做汤时除了可以使用干货，浸泡干货的水也可以放入汤中，增加鲜美的味道。因此，干货的浪费较少。特别是浸泡虾米或干贝的水可以做出美味的汤汁，在中式料理中不可多得。干货容易储存，日常储备一些，使用起来非常方便。

浸泡干货要注意不要过度，蘑菇类会残留泥沙，在制作时要特别注意。

快手汤3款

制作简单、味道丰富，为餐桌增色的救场料理

奶酪菠菜鸡蛋汤（P175）

●意大利●

番茄蛋花汤（P174）

●中国●

蒜香浓汤（P175）

●西班牙●

番茄蛋花汤

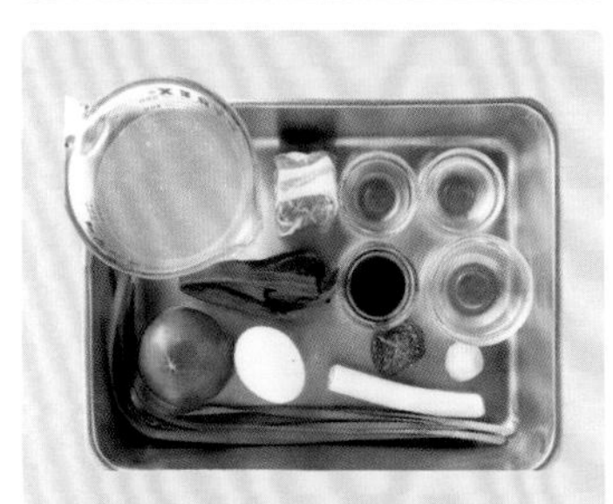

材料（2人份）
鸡蛋1个（60g）
猪排肉60g
Ⓐ 料酒1小勺
酱油1/2小勺
香油1/2小勺
姜1/3块（3g）
大葱1/10根（10g）
腌芥菜20g
香菇1个
白酒1大勺
酱油1小勺
鸡架高汤2杯（400mL）
番茄1个（80g）
韭菜1小把（10g）
色拉油1大勺
盐、黑胡椒各适量

Point

用过滤网将鸡蛋液过滤到汤中。

用时
30分钟
※ 不包括香菇浸泡时间

1 将香菇提前一天浸泡，把水分挤干，将梗去掉，切细丝。

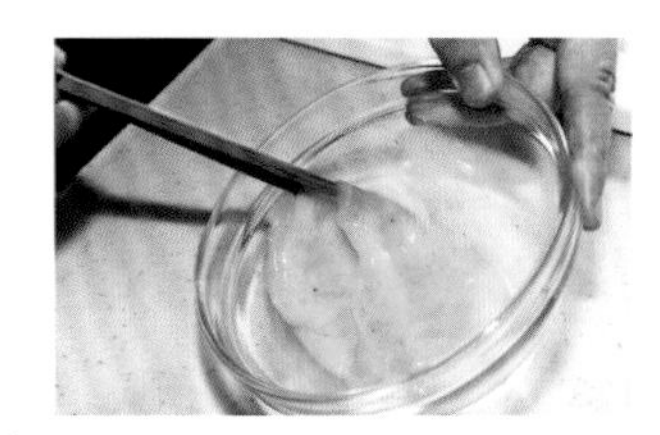

2 腌芥菜切丝，韭菜切3cm长段，番茄切2cm见方的块，大葱和姜切碎。

3 猪排肉切细丝后放入碗中，加入材料Ⓐ和盐、黑胡椒，腌制入味。

4 鸡蛋打散，加入盐和黑胡椒。

5 锅中倒入色拉油，加热后放入葱、姜翻炒出香味，加入猪肉丝，翻炒。

6 加入香菇和腌芥菜翻炒。

7 倒入白酒和酱油，翻炒后倒入鸡架高汤。

8 番茄用热水烫熟，去蒂、去子，切块后加入汤中，加盐和黑胡椒调味。放入韭菜，撇去杂质。

9 改小火，将鸡蛋液用过滤网淋入汤中。

10 关火，搅拌均匀后盛出。

蒜香浓汤

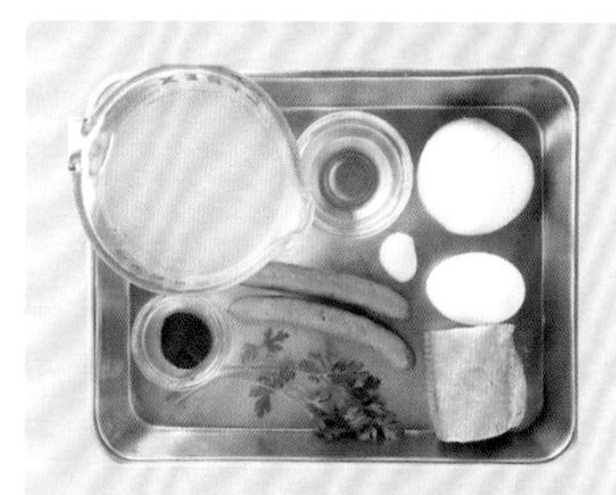

材料（2人份）

蒜1瓣（10g）
鸡蛋1个（60g）
香肠2根
洋葱2/5个（80g）
辣椒粉1小勺
长面包50g
鸡高汤700mL
橄榄油$1\frac{1}{2}$大勺
盐、黑胡椒各适量

装饰

欧芹少许

1 将洋葱、蒜切薄片，香肠切片，长面包切碎。

2 锅中倒入橄榄油，加热后放蒜，小火翻炒出香味，放入面包和香肠，撒辣椒粉。

3 将步骤2中的食材取出2大勺作装饰，然后加入洋葱翻炒。

4 洋葱炒熟后倒入鸡高汤，加盐和黑胡椒后炖煮10分钟。

Point

面包上要充分渗入蒜香。

5 用打蛋器将面包搅碎，将鸡蛋打散，倒入锅中，搅拌，鸡蛋半熟时将汤盛出，放入欧芹和步骤3盛出的材料。

奶酪菠菜鸡蛋汤

材料（2人份）

鸡蛋2个（120g）
鸡高汤2杯（400mL）
帕尔马奶酪20g
菠菜1小把（40g）
初榨橄榄油1小勺
盐、黑胡椒各适量

做法

❶ 菠菜去根、洗净，切成长5cm的段。
❷ 鸡蛋打入碗中，放入擦碎的奶酪、盐和黑胡椒，搅拌均匀。奶酪留少许作装饰。
❸ 锅中倒入鸡高汤，加盐和黑胡椒，煮沸后放入菠菜。
❹ 将蛋液倒入锅中，转小火，加盖，煮一两分钟。
❺ 搅拌均匀后盛出，滴入初榨橄榄油。

将菠菜根部的泥沙洗净。

将蛋液转圈淋入汤中。

专栏23

蛋液不同的淋入方法会使汤的味道产生变化

做出漂亮蛋花的方法

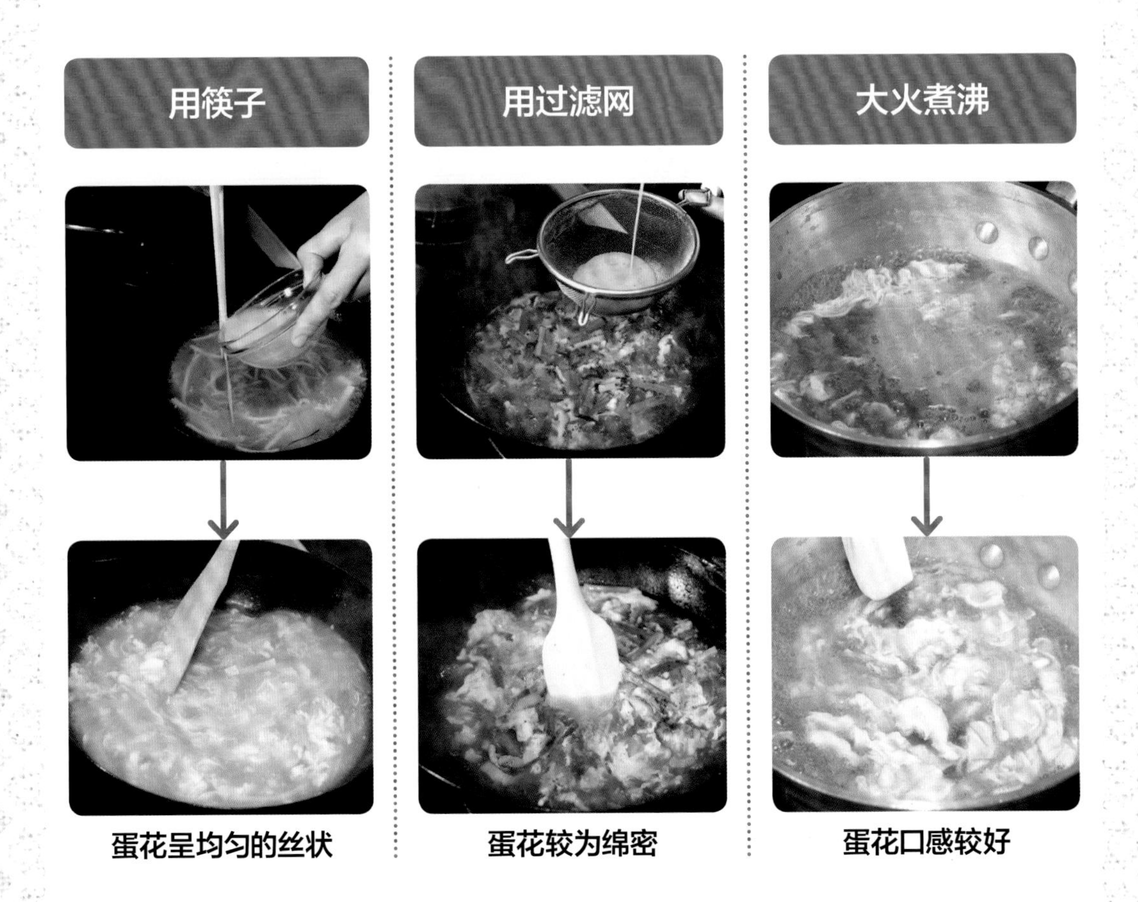

蛋花呈均匀的丝状　蛋花较为绵密　蛋花口感较好

利用一点儿技巧，改变鸡蛋的口感

采用不同的蛋液倒入方法以及不同的火候，会使汤的外形和味道产生变化。可以根据汤的类型和个人口味，选择不同的烹饪方法。

蛋液倒入的方法有几种，最常用的是顺着筷子，将蛋液倒入锅中，这种方法可以使蛋液均匀地扩散到汤中。如果想把鸡蛋做成口感绵密的小块，可以用过滤网一边过滤一边淋入蛋液。此外，将蛋液倒入锅中时开大火，迅速让其沸腾，鸡蛋会迅速成块，口感会更好。

无论使用哪种方法，倒入蛋液后都要马上关火。如果倒入蛋液后马上搅拌，汤会变得混浊，要在30秒后再慢慢搅拌。

第五章

日式汤品

日式汤的历史和各地特色汤

每个地方都有能体现当地特色的乡土汤品

如果想了解当地民俗，只要品尝一下当地的汤品即可

日式汁物，也就是汤。在日本，表示汤这个意思的词语最早出现在8世纪左右、日本最早的诗歌总集《万叶集》中。汤被称为“羹”，与其相关的诗歌有很多。在日本平安时代，贵族把汁物编入食谱，加入酒、酱油、味噌、盐、醋等调味后食用。据说从那时起就已经出现味噌汤的原型了。

到了室町时代，禅宗僧侣为了节俭而食用的一汁一菜食谱流传至民间，成为平民百姓最普遍的料理。本章中介绍的各种具有乡土特色的汁物，至今还作为特色料理被食用。

在不同的地方和不同家庭里有各式各样的传统汤品，在制作自己喜欢的汤时，会有很多意外的发现，这是让人非常高兴的事。

青森 煎饼汤

将肉、青菜、蘑菇等与专用煎饼一起做成的汤。

新潟、奈良 能平汤

用芋头或竹笋为原料，并用淀粉勾芡而成的汤。

熊本 豆汁大酱汤

将黄豆磨碎，和味噌一起做成的汤。

宫崎 冷汤

将鲷鱼酱溶解做成的冷汤。

冲绳 礁膜汤

用生长在冲绳礁石上的海藻制成的汤。

蛇汤

用扁尾蛇干和冲绳特有的豆腐等为原料，制作而成的传统汤。

山口 太平汤

将藕、牛蒡等根菜或野菜一起炖煮，食材较多的汤。

北海道 三平汤

以咸三文鱼、胡萝卜和洋葱等为原料制成的酱汤。

山形 纳豆汤、鳕鱼汤

在酱汤中加入纳豆或鳕鱼的简单的汤。

福岛 骨油汤

将山里出产的原料用瑶柱汤炖煮的汤菜。

长野 鲤鱼酱汤

将鲤鱼块熬煮后制成的酱汤。

滋贺 大豆汤

将黄豆磨碎，放入芋头或香菇等，用味噌制成的汤。

大阪 船场汁

用青花鱼为原料制作而成的汤。

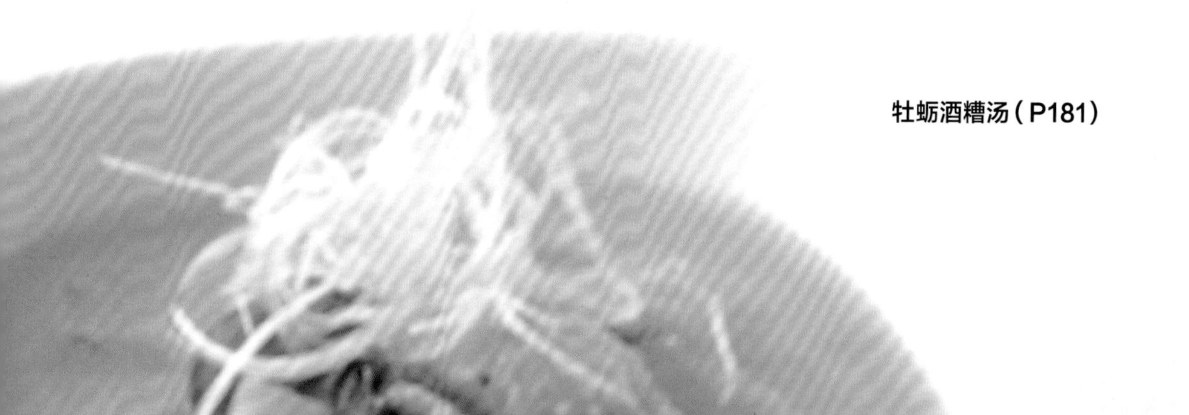

牡蛎酒糟汤（P181）

酒糟汤2款

使用鱼类为原料，
使酒糟的味道更温和

三文鱼酒糟汤（P180）

三文鱼酒糟汤

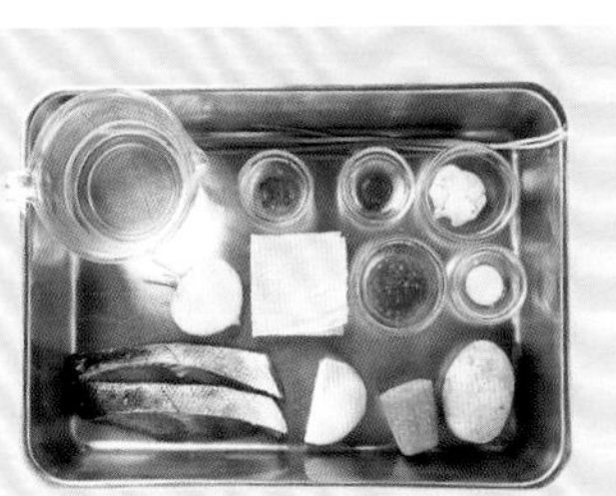

材料（2人份）

三文鱼2块（200g）
胡萝卜1/3根（50g）
洋葱2/5个（80g）
土豆1个（150g）
芜菁1个（100g）
豆皮60g
酒糟60g
水3杯（600mL）
清酒1大勺
盐1/2小勺

装饰

三文鱼子2大勺
香葱、辣椒各适量

Point

三文鱼要事先用开水烫一下。

用时
40分钟
※ 不包括处理酒糟的时间

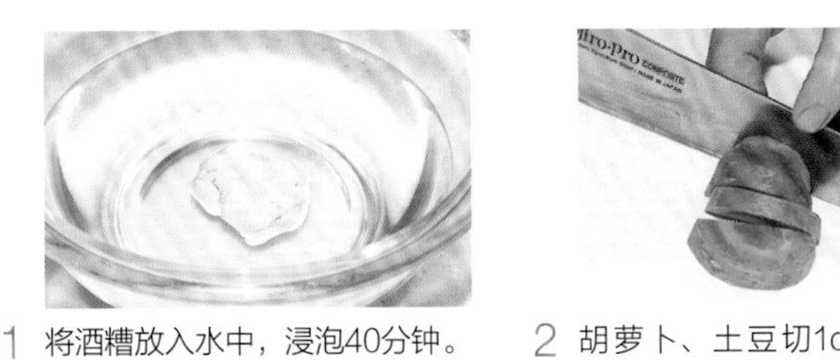

1 将酒糟放入水中，浸泡40分钟。

2 胡萝卜、土豆切1cm宽的半月形，芜菁切块。

3 洋葱切块，香葱切2cm长条。

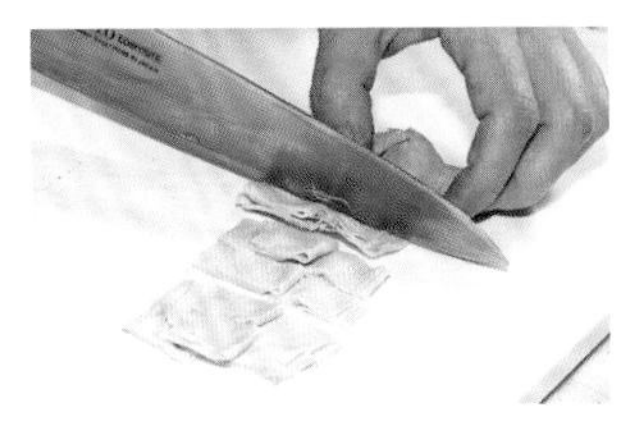

4 豆皮切1.5cm宽的条。

5 三文鱼切块，在两面撒盐。

6 锅中倒水，加热至80℃左右时，将三文鱼放入水中烫至变色，捞出放在过滤网中。

7 将浸泡酒糟的水倒入另一锅中，放入洋葱、胡萝卜和土豆，开火加热。

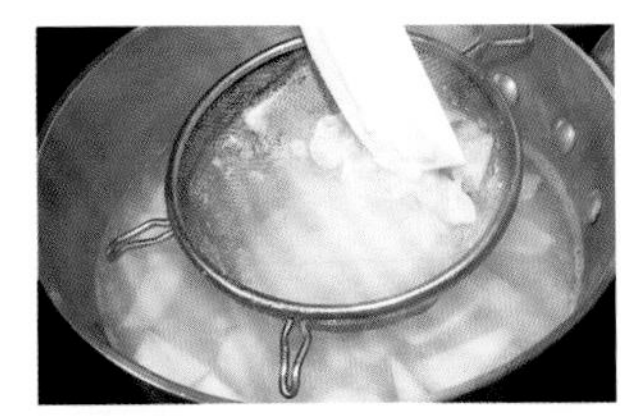

8 当蔬菜煮熟后，用过滤网将酒糟过滤到锅中，酒糟化开后加入芜菁和豆皮。

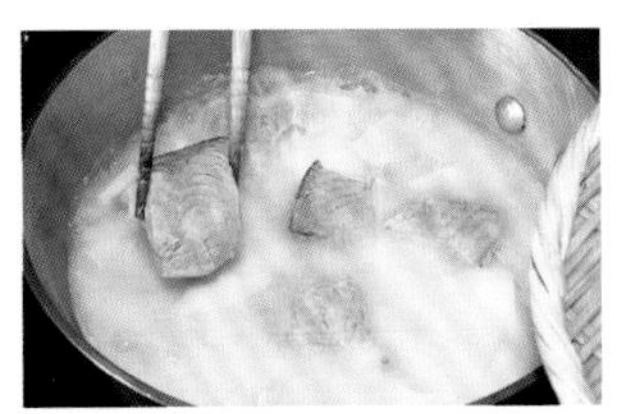

9 加入清酒和盐，放入三文鱼。

10 三文鱼煮熟后盛出，撒上香葱、辣椒和三文鱼子。

牡蛎酒糟汤

材料（2人份）
牡蛎肉8个（100g）
白萝卜100g
胡萝卜1/6根（25g）
丛生口蘑25g
舞菇25g
酒糟60g
日式高汤500mL
混合味噌$1\frac{1}{2}$大勺
清酒1大勺
甜料酒1/2大勺

装饰
葱白1/4根（15g）

Point

用白萝卜去除牡蛎的腥味。

用时
35分钟
※ 不包括处理酒糟的时间

1 将酒糟放入日式高汤中浸泡40分钟。

2 将一半白萝卜擦碎，与牡蛎肉一起放入碗中，用白萝卜碎搓洗牡蛎肉。注意不要把牡蛎肉弄碎。

3 将牡蛎肉上的白萝卜洗净，将牡蛎放入80℃热水中焯一下。

4 将剩余的白萝卜和胡萝卜切成宽1cm、长3cm的条，丛生口蘑和舞菇去根。

5 将步骤1的汤倒入锅中，用过滤网将酒糟过滤到汤中。

6 锅中加入白萝卜和胡萝卜，撇去杂质。

7 萝卜煮熟后，用过滤网将混合味噌过滤到锅中。

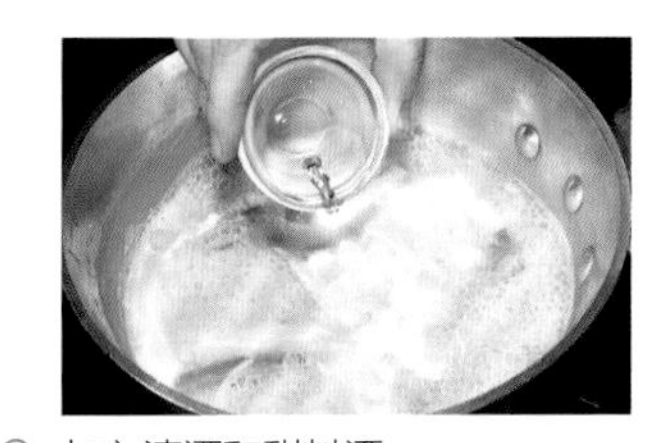

8 加入清酒和甜料酒。

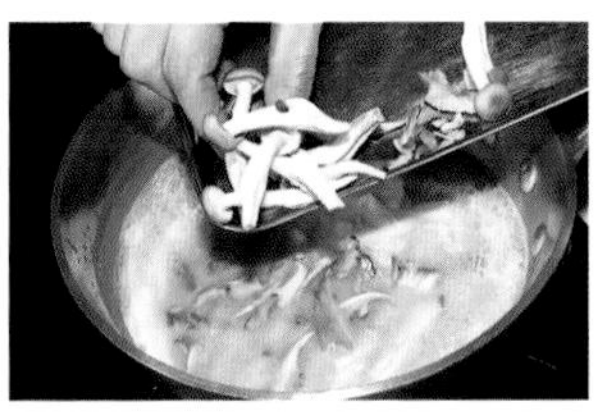

9 开锅后加入丛生口蘑和舞菇。

10 将牡蛎肉放入锅中，加热片刻后将汤盛出，葱白切丝，用水浸泡去除涩味后撒在汤上。

专栏24

日式高汤的原材料和调味料

让日式高汤鲜美无比的常用原材料和调味料

黑砂糖

日本喜界岛出产，原材料为生长在富含矿物质的盐碱地里的甘蔗。

日高海带

日高海带分为4个等级，一等的日高海带被北海道渔业协会认定为最优质的海带。

海带盐

以北海道出产的海带和海水为原料，经过长时间制作而成的盐。味道温和，可以激发出高汤的美味。

鲣鱼片

将煮熟的鲣鱼晾晒在阳光下，经过晒制而成的香味四溢的鱼干。

白味噌

用日本大米和大豆制成的味道温和的味噌。无添加剂，所以保质期非常短，约为2周。

二次发酵制作而成的鹤酱

使用上等大豆酿成的酱油，再次加入发酵剂，二次发酵制成的、味道醇厚的酱油。

将料理美味升级的调味料选择

调味料能够将汤的鲜味充分激发出来，选择调味料时有一些需要注意的原则。

首先是酱油。在商品标签上，如果原材料有“大豆”，说明其100%是用大豆酿造的。如果标有“本酿造”，说明是使用传统的酿造方法、长时间酿制而成。推荐选择这种酱油。

盐有千余个品种，与采用化学方法制成的盐相比，更推荐使用天然盐。天然盐中，既有使用传统工艺制成的，又有使用添加了矿物质的进口原料制作而成的。前者价高，但品质较好，推荐使用前者。

清汤杂煮（P184）

杂煮2款

过新年时不可缺少的料理

白味噌杂煮（P185）

清汤杂煮

材料（2人份）
鸡胸肉50g
白萝卜50g
胡萝卜1/4根（40g）
红鱼糕30g
方形年糕2个
日式高汤500mL
淡口酱油$1\frac{1}{2}$小勺
甜料酒1小勺
盐1小撮

装饰
鸭儿芹2根

Point

将年糕适当烘烤。

用时
30分钟

1 将鸡胸肉切成5mm厚的片。

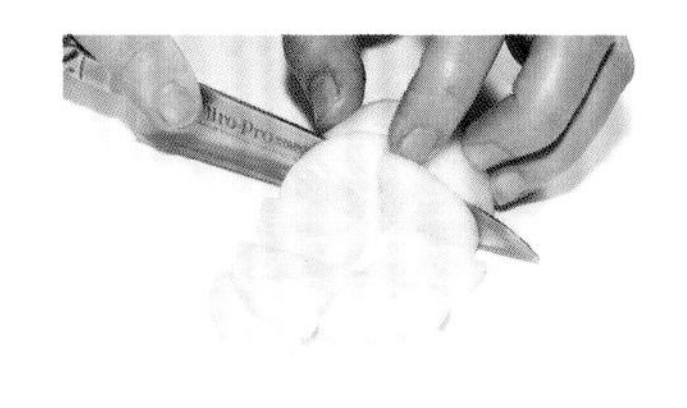

2 将白萝卜切成厚3mm的银杏叶形薄片。

3 鸭儿芹切4cm长段。

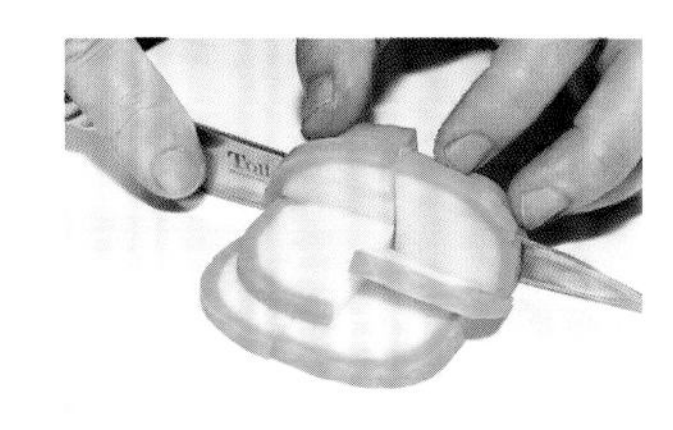

4 将红鱼糕切成厚3mm的银杏叶形薄片。

5 将胡萝卜切成厚3mm的银杏叶形薄片。

6 锅中加入日式高汤，开火后放入白萝卜和胡萝卜。

7 将年糕放在烤架上，大火适当烘烤。

8 高汤煮沸后，加入甜料酒、淡口酱油和盐调味，炖煮约10分钟。

9 撇去杂质后加入红鱼糕、鸡胸肉煮熟。

10 加入烤好的年糕，盛出后撒鸭儿芹装饰。

白味噌杂煮

材料（2人份）

胡萝卜段2cm
豌豆荚2个
圆形年糕2个
芜菁1/2个（50g）
日式高汤2杯（400mL）
白味噌2大勺
淡口酱油$1\frac{1}{2}$小勺
盐1小撮

装饰

柚子皮少许

Point

用淡口酱油调味。

用时 30分钟

1 豌豆荚去筋。

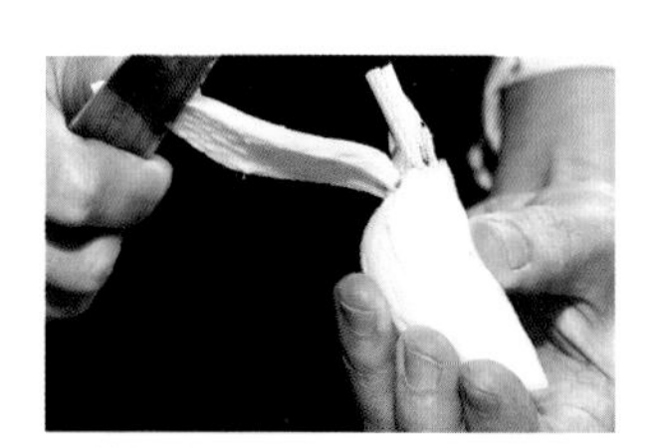

2 芜菁切成半圆形，将刀轻轻插入芜菁根部，从根部将皮剥下。

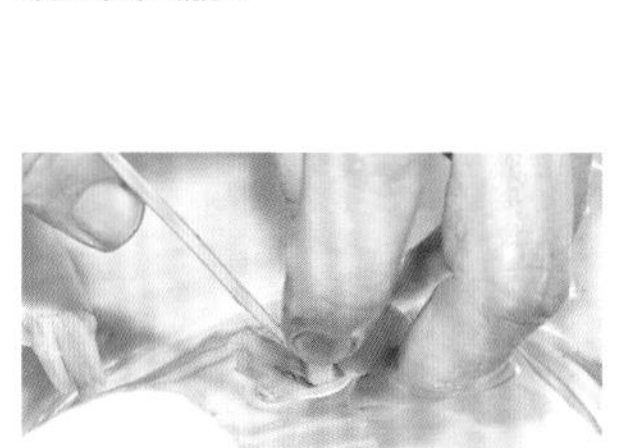

3 将芜菁放入清水中，用竹签挑出根部的泥土。

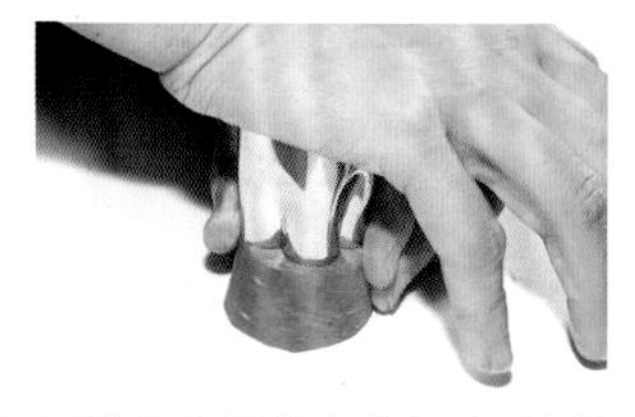

4 用模具将胡萝卜块切出4片花形片。

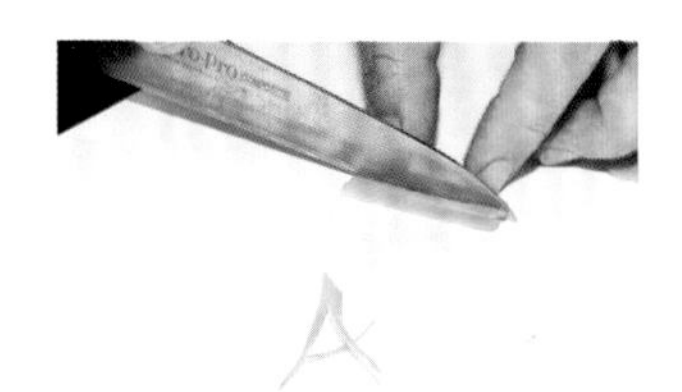

5 将柚子皮切成宽3mm的长条，然后再纵向分成3等份，将顶端拧在一起。

6 锅中倒入日式高汤，加热煮沸后放入胡萝卜段、芜菁、豌豆荚，煮熟后捞出，放在过滤网上。
每种蔬菜单独煮会更漂亮。

7 汤中加入盐、淡口酱油，用过滤网将白味噌过滤到汤中。

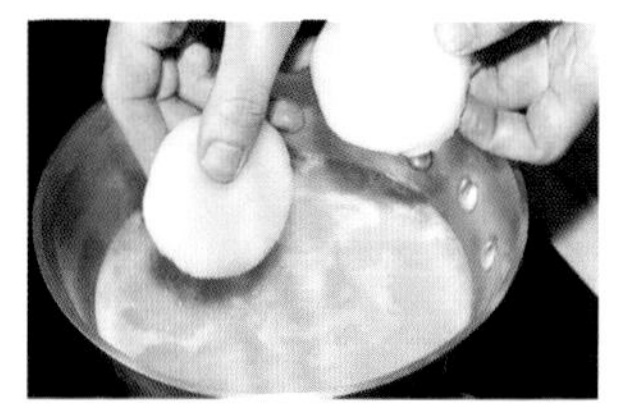

8 加入年糕煮软，然后放入蔬菜加热，盛出后放上柚子皮装饰。

Point

让造型更丰富

用模具切出花形胡萝卜后，再用刀切出花瓣。

与只用模具切出来的胡萝卜花相比，其造型更立体。

专栏25

让节日料理更加赏心悦目的装饰切法

如何让新年的料理变得更加夺目

银杏叶形

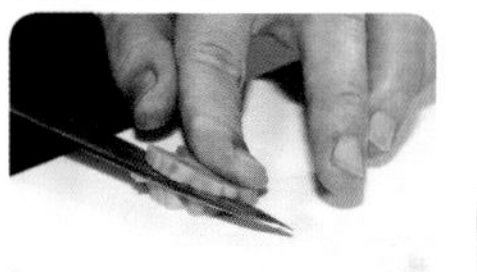

用模具将胡萝卜切成银杏叶形，然后将叶片部分一分为二，如同起舞的蝴蝶。

用喷枪火烧

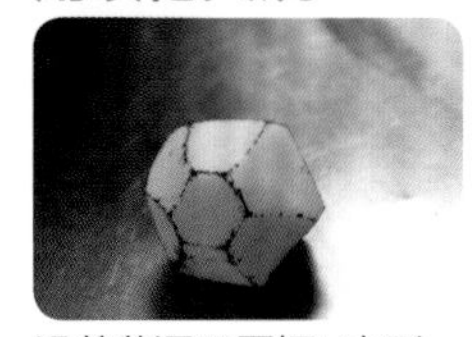

沿着藕洞四周切V字形。芋头切成多面体，用喷枪分别火烧出焦痕后，棱角和豁口会更明显。

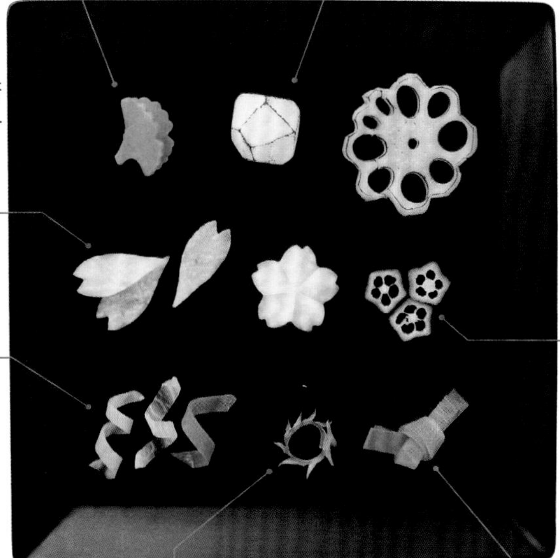

花瓣形

用模具将白萝卜切成花瓣形或樱花形，用红色食用色素染色，然后切薄。

星形

秋葵切薄片，去子后即成星形。

螺旋形

将胡萝卜、黄瓜或白萝卜等切成细长条，卷在筷子上，然后放入水中浸泡，做成螺旋形。

蔓藤形

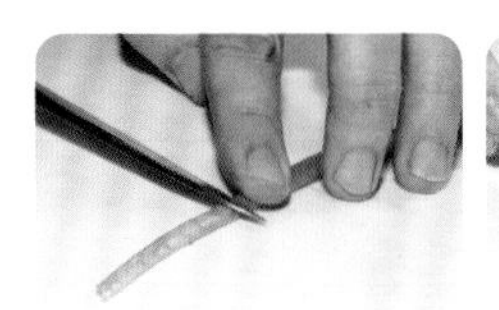

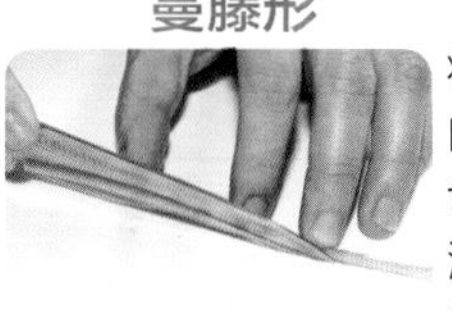

将白萝卜叶的茎部纵向切成细长条，然后切出豁口，在水中浸泡后卷在筷子上，最后做成圆形。

切长条后打结

将切成长方形薄片的胡萝卜或白萝卜重叠后打结。

稍花点儿心思给原材料做造型，杂煮就会别具特色

在新年食用的杂煮，是具有祈求一年平安顺利意义的一道传统料理，每家使用的原料不同，如果将蔬菜和鱼糕利用装饰切法做出造型，能够让杂煮更加美观。

装饰切法并不需要高超的刀工，如果利用模具，只需将原料切出适当的厚度即可。除了新年等特殊日子，平时也可以按照季节做装饰。比如春季可以将白萝卜切成花形，秋天可以将胡萝卜切成红叶形，这种包含季节感的装饰别具匠心。

此外，可以将白萝卜或胡萝卜切成长方形薄片，然后打结，也可以卷在筷子上做成螺旋形。除了切，还可以用食用色素染色，或用喷枪火烧，颜色的变化也会给料理增添节日气氛。

船场汁2款

以青花鱼的鱼肉和鱼骨为原料，
发明于商人家庭的一款汤

鱼骨船场汁（P188）

鱼干船场汁（P189）

鱼骨船场汁

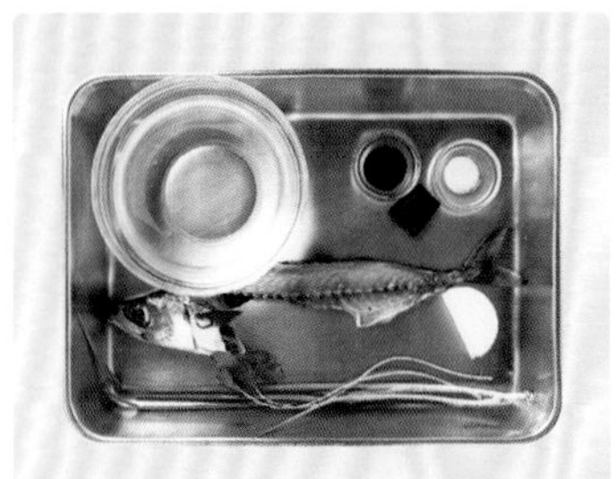

材料

青花鱼鱼骨1条（240g）
白萝卜50g
鸭儿芹2根
海带1片
淡口酱油1小勺
盐1/3小勺

装饰

香葱2根（10g）

Point

用热水烫一下鱼杂，去除腥味。

用时

20分钟

※ 不包括处理鱼骨和浸泡海带的时间

鱼骨预处理

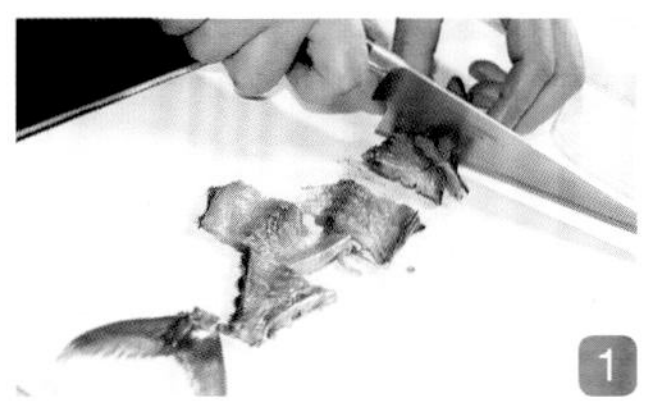

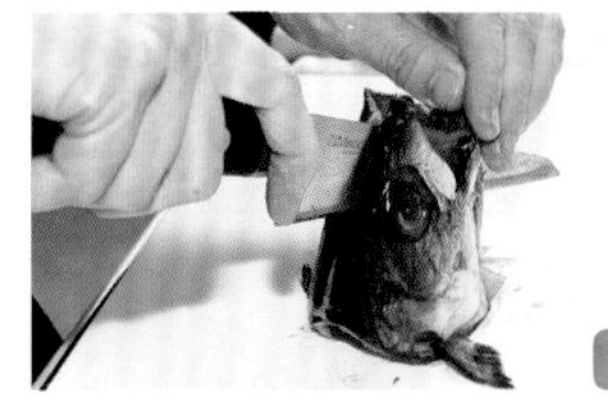

1 将青花鱼脊骨切大块。
2 刀插入鱼嘴，把鱼头切成两半。
3 将鱼骨放入碗中，撒盐腌制。
4 盖上木锅盖，倒入80℃的热水。
5 用水清洗干净鱼骨，去除残留的血和内脏。

1 海带浸泡在500mL水中约60分钟。

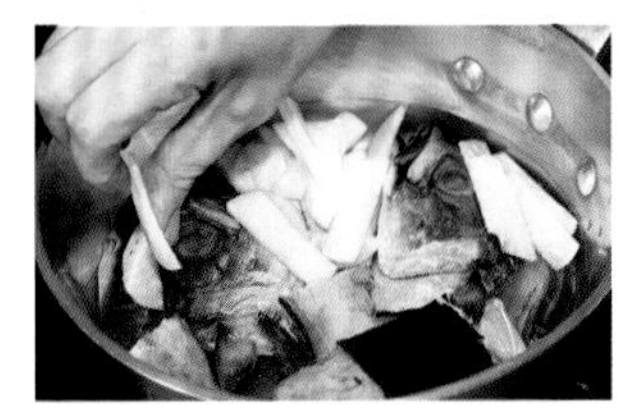

2 将处理好的鱼骨和泡好的海带放入锅中加热，水沸腾前将海带捞出，加入切成1.5cm宽的白萝卜片，继续炖煮。

3 水沸腾后撇去杂质，加入淡口酱油和盐调味。

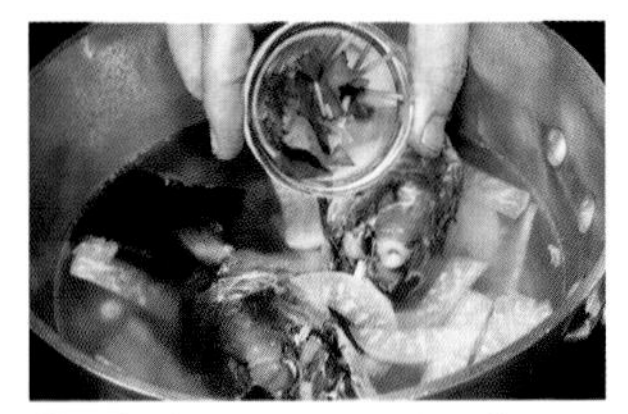

4 放入切成2cm长段的鸭儿芹。

5 盛出后撒上切碎的香葱。

鱼干船场汁

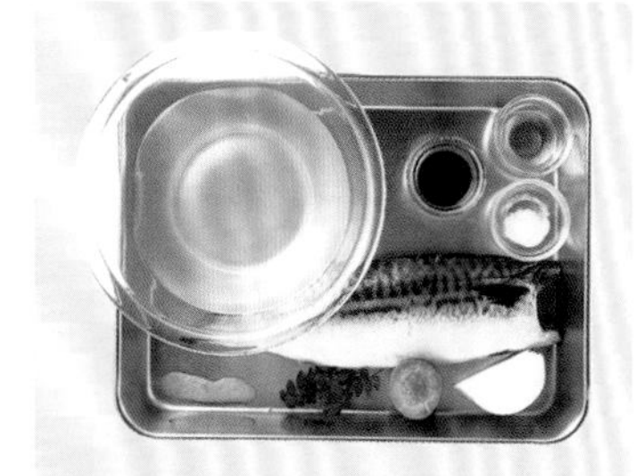

材料（2人份）

青花鱼鱼干1/2条（130g）
白萝卜50g
胡萝卜1/5根（30g）
海带汤500mL
淡口酱油1小勺
醋少许
盐1/3小勺

装饰

柚子皮、花椒叶各适量

Point

最后加入少许醋，味道更加鲜美。

用时
20分钟

1 用模具将胡萝卜切成厚2mm的红叶形。

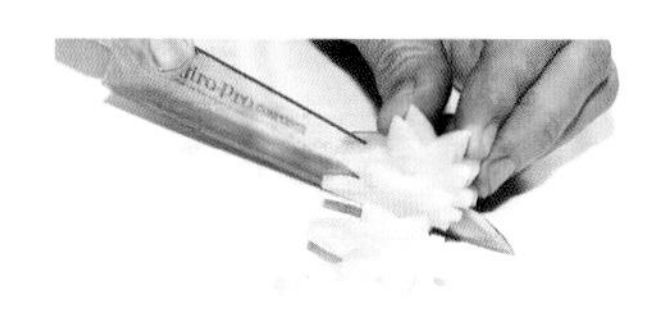

2 白萝卜也用模具切成厚2mm的红叶形。

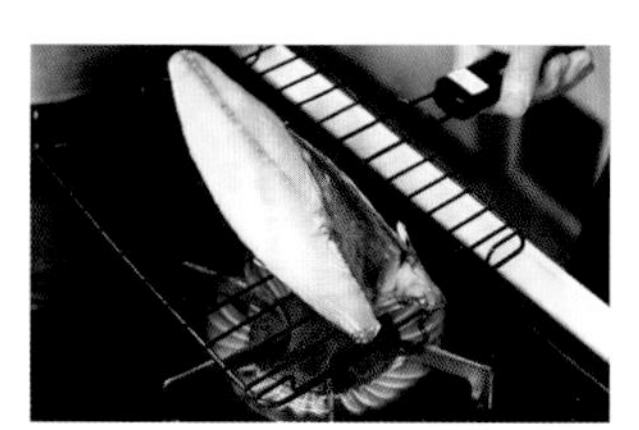

3 将青花鱼鱼干的鱼皮向下放在烤架上，用大火烘烤。

4 鱼皮烤成焦黄色后放在案板上，切成宽3cm的块。

5 锅中倒水加热，80℃时将鱼干放入水中焯一下，鱼肉变白后捞出放在过滤网上。

6 锅中倒入海带汤加热，沸腾后加入白萝卜和胡萝卜。

7 加入淡口酱油和盐调味。

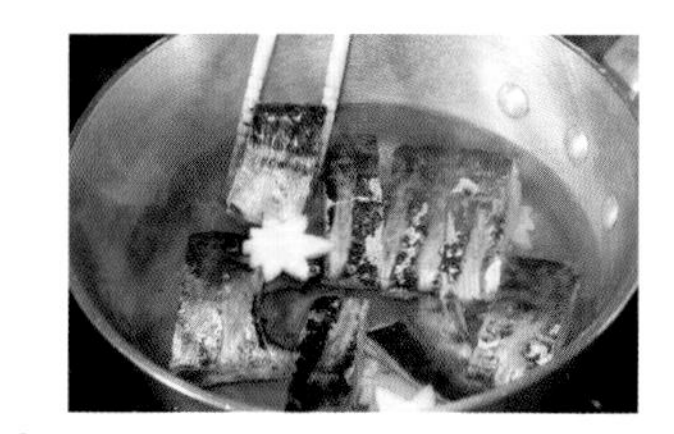

8 将青花鱼干放入汤中。

9 撇去杂质和多余油脂，加醋调味。

10 盛出后放入柚子皮和花椒叶装饰。

专栏26

味噌的使用

赤味噌和白味噌、甜味或辣味……

使用技巧 1

用混合味噌将材料的味道激发出来

由于产地不同，日本制作味噌所使用的原料和发酵时使用的发酵剂也有所不同，导致味噌的味道也各有不同。与单一味噌相比，将两三种味噌混合起来使用，味道会更加浓郁。

混合方法

信州味噌 ＋ 御膳味噌

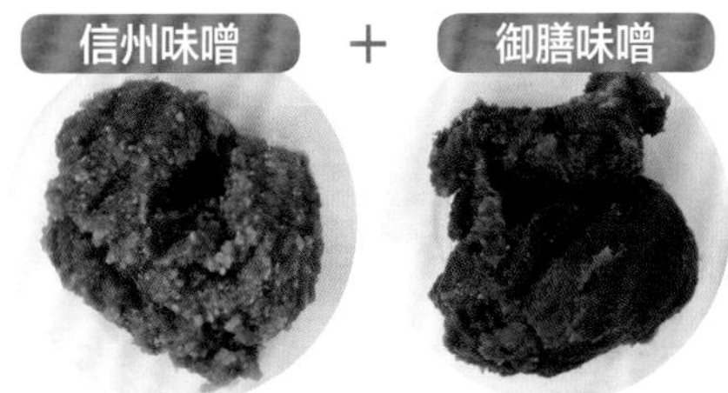

将略带酸味、清淡的信州味噌和味道温和的御膳味噌混合，能衬托出各自的美味。

仙台味噌 ＋ 九州麦味噌

以小麦为发酵剂的甜味九州麦味噌，和以大米为发酵剂的辣味仙台味噌是对比强烈的组合。

使用技巧 2

根据主材不同而选择不同的味噌

不同种类的味噌口味不同，会影响食材的味道。一般辣味的赤味噌适用于烹调鱼贝类，甜味的白味噌适用于烹调蔬菜类。

鱼贝类 ＞ 赤味噌、信州味噌

蔬菜类 ＞ 白味噌

使用技巧 3

不同季节选用不同的味噌

炎热的季节里想吃清淡或辣味食物，寒冷的季节里想吃温和的甜味食物，因此，夏季多使用赤味噌，冬季多使用白味噌。

了解不同味噌的特征，灵活使用

味噌有白味噌、赤味噌等多个种类，将几种味噌混用，会更加美味。将差别很大的味噌混合，味道上能够互补，这是混合味噌的技巧。味噌是在大豆中加入发酵剂和盐发酵而成的，根据发酵剂原料的不同，可分为米味噌、麦味噌和豆味噌。也就是说，将发酵剂不同的味噌混用，会产生不同的味道。

另一种方法就是将产地相距较远的味噌混用。从北海道到九州，日本各地都有味噌生产，即使都是米味噌，由于产地不同，制作方法也会不同。气候差异越大，这种差异就越明显。因此，如果将辣味和甜味、颜色深和颜色浅的味噌混合在一起，会别有一番滋味。

沙丁鱼鱼丸汤

鱼丸保留了沙丁鱼的独特口感，
使用较大块的肉制作是关键

沙丁鱼鱼丸汤

材料（2人份）

日式高汤3杯（600mL）
淡口酱油1/2小勺
清酒1/2小勺
盐1/3小勺
胡萝卜15g
香菇2个
菠菜15g

沙丁鱼鱼丸

沙丁鱼2条（160g）
绿紫苏2片
姜末2小勺
葱白1/4根（15g）
混合味噌1大勺
淀粉1/2大勺

Point

制作鱼丸的材料要使用菜刀将其均匀混合。

用时
40分钟

沙丁鱼预处理

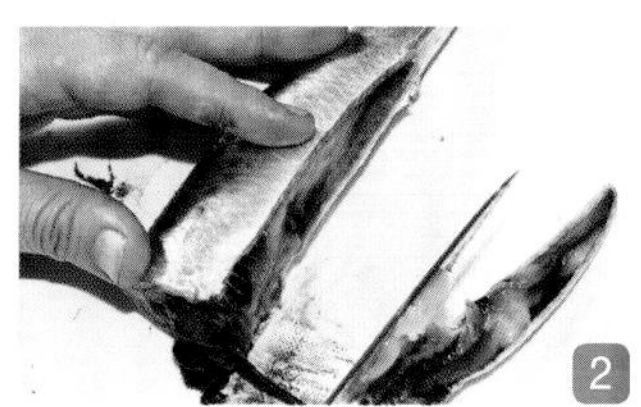

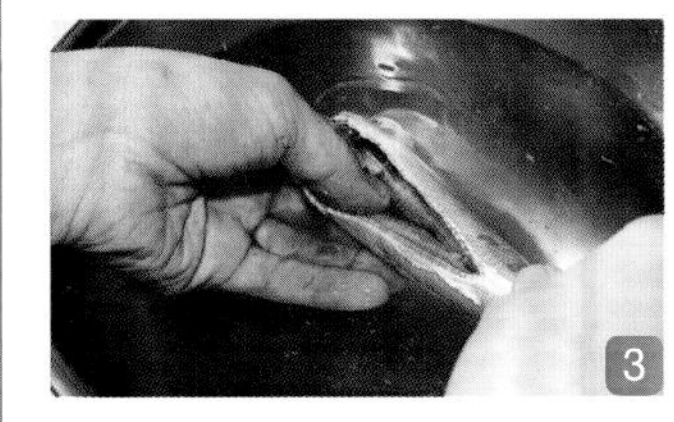

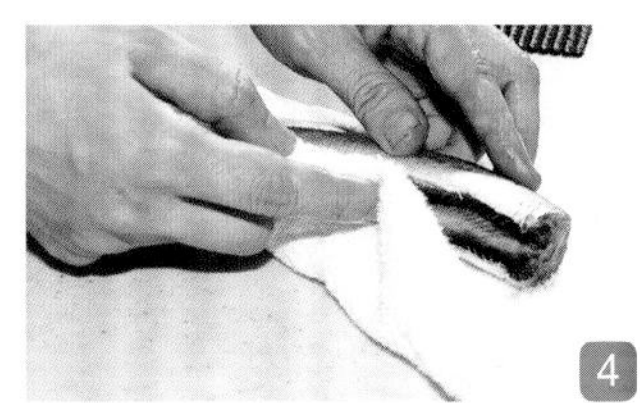

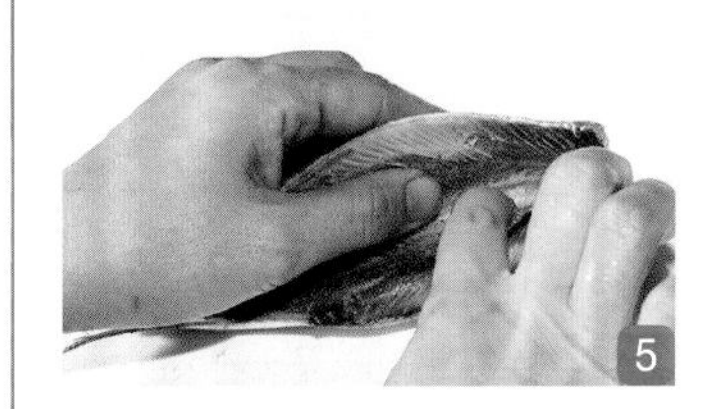

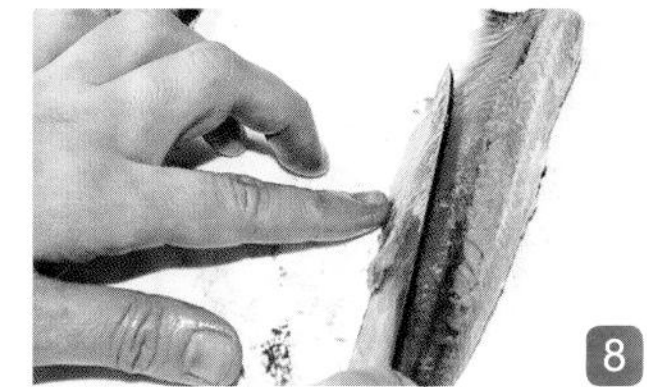

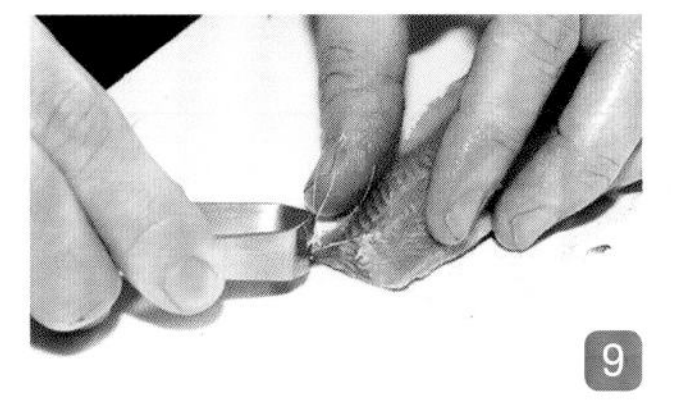

1 用刀背将鱼鳞刮掉，将鱼头切掉。
2 将鱼腹切开，掏出内脏。
3 将鱼放入凉水中洗净，将残留的血和内脏去除。
4 用毛巾擦干水分，鱼腹内的水也要擦干净。
5 用食指沿着脊骨将鱼肉和鱼骨分开。
6 在鱼尾的根部折断鱼骨，然后抽出。
7 切掉鱼尾，将鱼切成左右两半。
8 将腹骨切掉。
9 用镊子将小刺去除干净。
10 用刀背插入鱼皮和鱼肉之间，从鱼尾开始将鱼皮剥下。

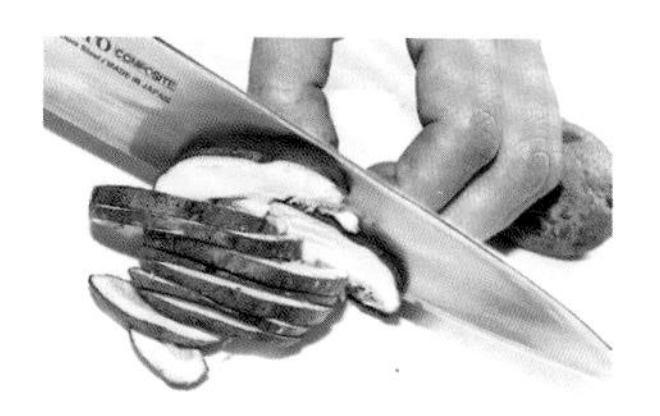

1 切掉香菇蒂，将香菇切薄片。

2 菠菜去根，切4cm长段。

3 将绿紫苏的茎掐掉，叶子切碎后泡水，去除杂质。

4 胡萝卜切细丝。

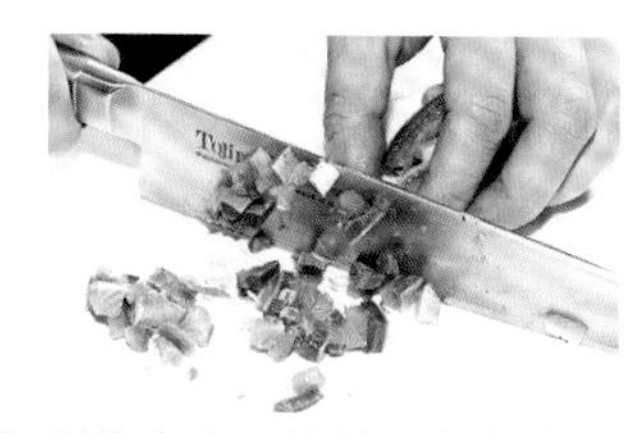

5 制作鱼丸。将沙丁鱼鱼身切5mm见方的块。

6 在鱼肉中加入姜末、葱白、绿紫苏和混合味噌。

7 用两把菜刀将步骤6的材料混合均匀，把鱼肉剁碎。

8 鱼肉发黏时，加入淀粉拌匀。

9 锅中倒入日式高汤，加热至沸腾后加入胡萝卜、淡口酱油、清酒和盐。

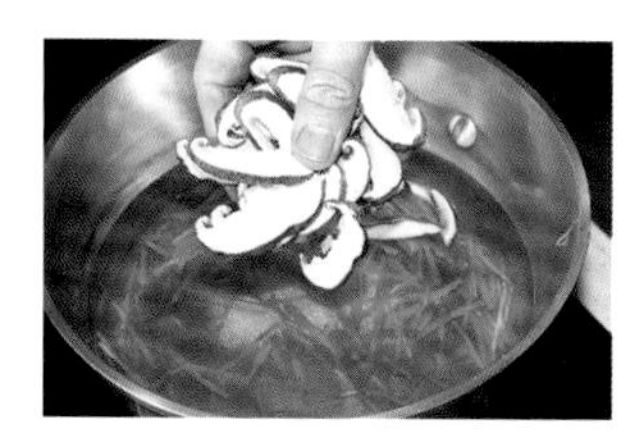

10 胡萝卜煮熟后加入香菇，再煮两三分钟。

11 攥紧鱼肉馅，从虎口挤出鱼肉丸，用勺子将丸子放入锅中。

12 也可以用两把勺子配合操作，做出的鱼丸更好看。

13 鱼丸煮熟后放入菠菜，煮熟后盛出。

错误！
鱼丸口感变差

如果将制作鱼丸的材料放入搅拌机搅拌，沙丁鱼和葱白口感会变差。用菜刀搅拌和剁碎，可以保留食材的口感，这是制作出好吃的鱼丸的关键。

不能将材料搅拌成糊。

材料（2人份）
小鲷鱼1条（200g）
白芝麻40g
黄瓜1/2根（70g）
绿紫苏5根
大米225g
麦片1撮
混合味噌60g
盐适量

用时
1小时30分钟

冷汤配麦片饭

鲷鱼酱的香味令人无法抗拒

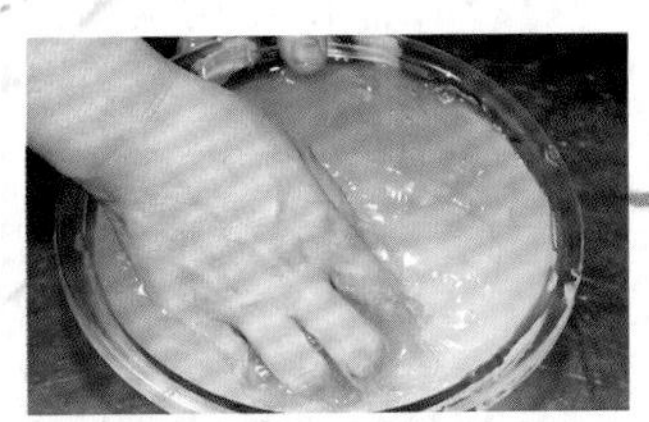

1 制作麦片饭。大米仔细淘洗后加入麦片，再淘洗一次，然后放在过滤网中，盖上屉布，静置约30分钟。

2 用量杯量出大米和麦片的量，放入锅中，然后加入等量的水，盖上锅盖，大火煮沸后改小火，煮约10分钟后关火，闷10分钟。

3 鲷鱼去鳞，用水冲洗干净。

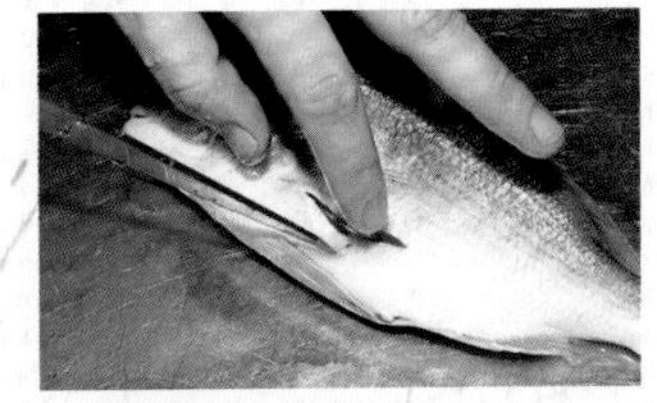

4 在胸鳍下1cm处切一个3cm的口，掏出内脏。

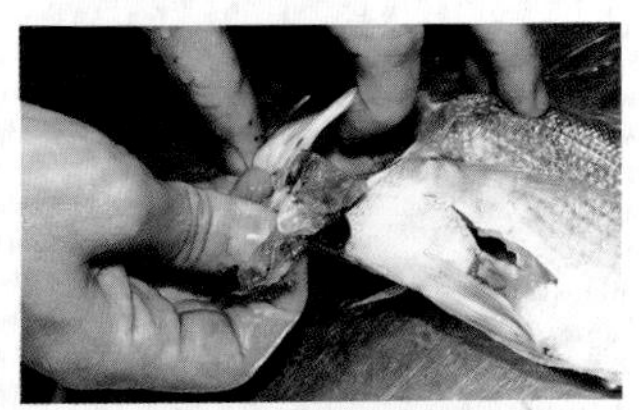

5 将残留的血水和内脏清洗干净，去鳃，用毛巾将表面的水分擦干净。

6 鱼身两面撒盐，腌制20分钟。

7 擦干净鱼身表面渗出的水分。

8 将鱼放在烤架上，大火烘烤。鱼尾容易烤焦，要用锡纸包上。

9 将鱼肉从鱼骨上拆下，鱼皮上烧焦的部分留下一些，用作装饰。

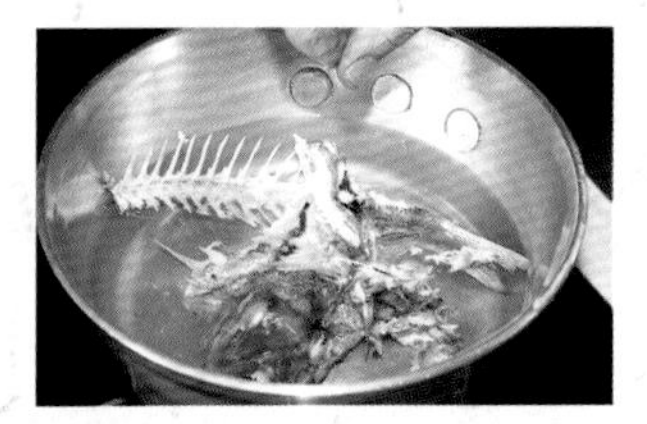

10 锅中倒水，放入鲷鱼骨，开火加热，撇去杂质后炖煮15分钟，过滤出汤汁。

11 将过滤出的汤汁倒入盆中，放入冷水中冷却。

12 炒锅中放入白芝麻，翻炒出香味。

13 将炒好的白芝麻碾碎。

14 在白芝麻中加入混合味噌、鲷鱼肉，搅拌至黏稠。

15 将鲷鱼酱扣在火上，烘烤片刻。

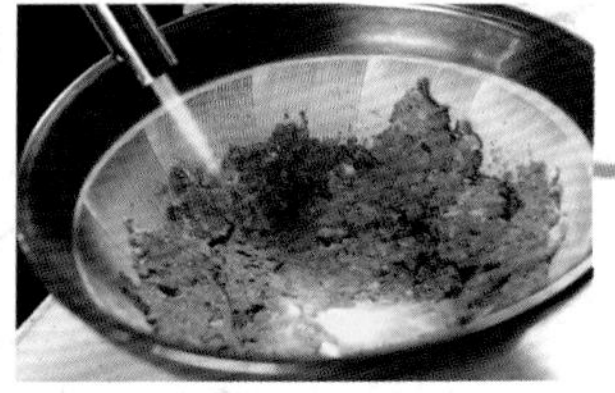

16 也可以用喷枪烧烤鲷鱼酱表面。

17 在鲷鱼酱中慢慢倒入步骤11的汤汁，搅拌至比味噌汤稍浓稠的状态。

18 将调好的鲷鱼酱倒入盆中，放入冷水中冷却。

19 将切薄片的黄瓜和切细丝的绿紫苏撒盐腌制，变软后放在水中清洗，挤干水分。

20 将放凉的鲷鱼酱盛出，表面撒黄瓜、绿紫苏和鲷鱼肉碎，搭配麦片饭食用。

材料（2人份）

内脏（熟猪大肠）250g
魔芋1/4块
香菇2个
胡萝卜1/5根（30g）
日式高汤500mL
红鱼糕20g
全麦面粉3大勺
淡口酱油1大勺
醋1大勺
盐1/4小勺

装饰

姜1块
葱白1/8根（8g）
辣椒丝少许

用时 2小时20分钟

内脏汤

仔细清洗内脏，去除臭味

1 将红鱼糕切成2mm厚的条。

2 去掉香菇蒂，将香菇切成2mm厚的薄片。

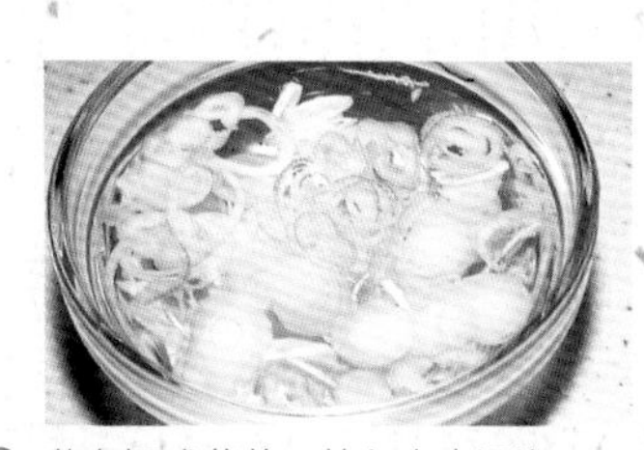

3 葱白切成葱花，放入水中浸泡。

4 胡萝卜切成2mm厚的条。

5 姜擦碎。

6 魔芋切成2mm厚的长条，撒盐腌制片刻后放入沸水中焯一下，去除异味。

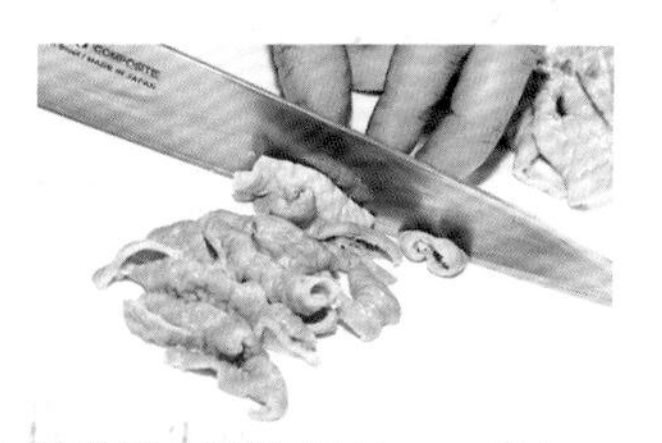

7 将熟猪大肠切成长4cm、宽1cm的块。

8 锅中倒入日式高汤，加热煮沸后放入猪大肠和胡萝卜炖煮。

9 胡萝卜熟后加入盐和淡口酱油。

10 加入香菇、红鱼糕和魔芋，煮七八分钟后盛出，撒上辣椒丝、姜末和葱花。

Point

内脏的异味难以去除怎么办?

用水冲掉内脏上的面粉后闻一闻，如果异味还很重，要将内脏的水分拧干，再加入全麦面粉反复揉搓，然后再用水洗净。

要反复操作，直至异味去除干净。

内脏预处理

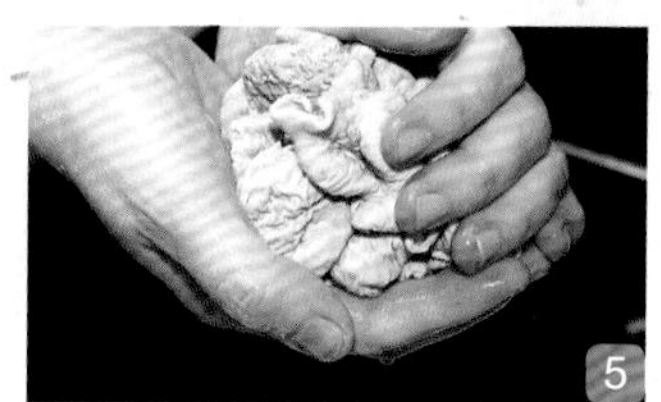

1 在猪大肠中加入全麦面粉，使劲揉搓。
2 将猪大肠上的面粉用水洗净，反复清洗之后闻一下，直至异味去除干净。
3 锅中倒水，加少许醋，煮沸后放入洗净的猪大肠，煮1.5小时。
4 将煮好的猪大肠在清水中反复搓洗。
5 将猪大肠挤干。

材料（2人份）

木棉豆腐1/3块
里脊肉片60g
熟魔芋1/4块（60g）
牛蒡1/4根（50g）
胡萝卜1/5根（30g）
炸豆腐1/2片（12g）
香葱1根（5g）
日式高汤500mL
淡口酱油1大勺
清酒1小勺
盐1/4小勺
色拉油适量
辣椒粉适量

用时 40分钟

蔬菜汤

丰富的蔬菜有益健康，
最适合寒冷的冬季

1 将木棉豆腐、熟魔芋和炸豆腐切成5mm宽的条，胡萝卜、里脊肉片切成宽3mm的条。

2 香葱切碎后在水中浸泡片刻，捞出后沥干水分。

3 锅中倒入色拉油，加热后放入木棉豆腐翻炒。木棉豆腐易碎，要轻轻翻炒。

4 豆腐炒好后放入里脊肉和胡萝卜，继续翻炒。

5 加入牛蒡、魔芋、炸豆腐和清酒继续翻炒。

6 加入日式高汤、淡口酱油和盐。煮好后撇去杂质，盛出后撒香葱和辣椒粉。

能温暖身体，
适合在寒冷地区食用

材料（2人份）
银杏8个
香菇2个
胡萝卜1/4根（40g）
芋头2个（100g）
牛蒡1/5根（40g）
慈姑2个（40g）
竹笋1/5根（40g）
水淀粉1大勺
日式高汤3杯（600mL）
淡口酱油2小勺
甜料酒1小勺
盐1/2小勺

装饰
香葱1根

用时
1小时10分钟
※ 不包括香菇浸泡时间

1 香菇提前一天浸泡，挤干水分后去蒂，切成4瓣。泡香菇的水不要倒掉。

2 芋头去皮后切1.5cm见方的块，用水仔细搓洗。

3 胡萝卜、竹笋、牛蒡、慈姑分别切成1.5cm见方的块，将牛蒡浸泡在醋水中，香葱斜切成小段。

4 锅中倒入日式高汤和少许浸泡香菇的水，放入胡萝卜和牛蒡，煮10分钟。

5 加入芋头和竹笋，继续煮10分钟，然后放入香菇、慈姑和银杏，炖煮至所有食材变软。

6 加入淡口酱油、甜料酒和盐调味，然后用水淀粉勾芡。盛出后撒切碎的香葱。

材料（2人份）
猪肉片60g
白萝卜30g
胡萝卜1/5根（30g）
莲藕1/5节（30g）
牛蒡1/6根（30g）
芋头1个（50g）
魔芋1/4根（60g）
日式高汤2杯（400mL）
混合味噌30g
香油1小勺
盐、醋各适量

装饰
葱白1/4根（15g）

用时
40分钟

猪肉汤

用料丰富，家庭料理中的基础汤

1 将魔芋撕成条，撒盐后煮两三分钟。白萝卜、芋头、胡萝卜和莲藕切成宽3mm的银杏叶形。

2 将芋头、切片的葱白和莲藕泡水。将牛蒡切成竹叶形后浸泡在醋水中。

3 锅中倒入香油，加热后放入切成2cm宽的猪肉片翻炒。翻炒动作要轻。

4 加入胡萝卜、莲藕、牛蒡、白萝卜、芋头和魔芋，继续翻炒。

5 倒入日式高汤，炖煮至蔬菜变软。

6 用过滤网将混合味噌过滤到锅中，撒盐后搅拌均匀。汤盛出后撒葱白，也可加入辣椒粉。

材料（2人份）
纳豆1包（50g）
南瓜50g
茄子1个（50g）
炸豆腐1/2片（12g）
木棉豆腐1/6块（50g）
日式高汤500mL
赤味噌2大勺

装饰
香葱1根（5g）

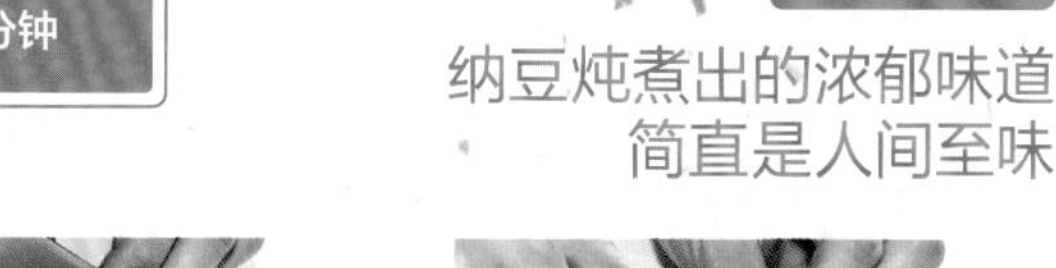

用时
25分钟

纳豆汤

纳豆炖煮出的浓郁味道
简直是人间至味

1 茄子纵向切成两半后，切成2mm厚的片，在水中浸泡片刻后，用布将水分擦干。

2 炸豆腐用热水焯一下，去除油脂，然后切5mm宽的条。

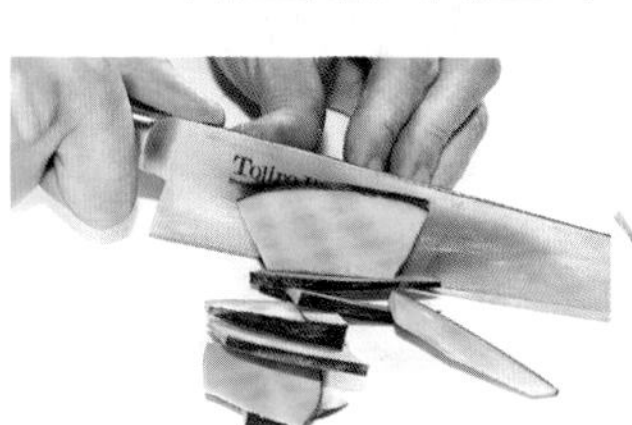

3 南瓜带皮切成2mm厚的片，木棉豆腐切1cm见方的块。

4 用两把菜刀将纳豆剁碎。也可以用现成的碎纳豆。

5 锅中加入日式高汤，放入南瓜和茄子炖煮熟后，放入木棉豆腐和炸豆腐，用过滤网将赤味噌过滤到汤中。

6 留少许纳豆碎作装饰，其余的用高汤稀释后倒入锅中。盛出后撒纳豆碎和切碎的香葱装饰。

材料（2人份）
煎饼6片
鸡腿肉100g
胡萝卜1/5根（30g）
牛蒡1/4根（50g）
金针菇50g
魔芋100g
红薯1/5根（40g）
日式高汤800mL
酱油3大勺
清酒1大勺
醋适量

装饰
葱白1/10根（10g）

用时
15分钟

煎饼汤

用足材料的汤

1 葱白切丝后泡水，胡萝卜、红薯切丝，鸡腿肉和煎饼切适口的块。

2 牛蒡切竹叶形，放醋水中浸泡。

3 魔芋和金针菇切成4cm长的条，魔芋在沸水中焯一下，沥干水分。

4 锅中倒入日式高汤，放入胡萝卜和牛蒡炖煮。

5 加入酱油和清酒调味，然后放入红薯、魔芋和鸡腿肉。

6 放入金针菇，煮熟后放入煎饼。汤盛出后撒上葱白。

材料（2人份）
干黄豆1/4杯（40g）
炸豆腐1/2片（12g）
葱白1/4根（15g）
腌裙带菜10g
日式高汤500mL
味噌$1\frac{1}{2}$大勺

用时
30分钟
※ 不包括黄豆浸泡时间

黄豆味噌汤

从食材到味噌都是黄豆制品

1 将黄豆浸泡一晚，然后碾碎。

2 油炸豆腐用热水去油后切成5mm宽的条，腌裙带菜用水洗去盐分后切成2cm宽的条，葱白切片。

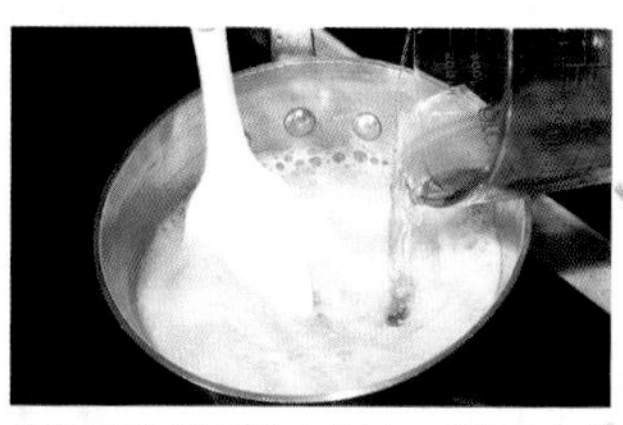

3 将碾碎的黄豆放入锅中，倒入日式高汤，加热。

4 汤沸腾后加入炸豆腐，撇去杂质。

5 用过滤网将味噌过滤到汤中。

6 将裙带菜、葱白加入汤中，搅拌均匀后盛出。

材料（2人份）
海藻4g
冲绳豆腐1/4块
日式高汤500mL
姜1块
酱油1小勺
盐少许

用时
10分钟

礁膜汤

富含海藻，健康的汤

1 将海藻浸泡在水中，清洗干净泥沙。

2 将海藻的水分挤干。

3 姜擦碎，挤出姜汁。

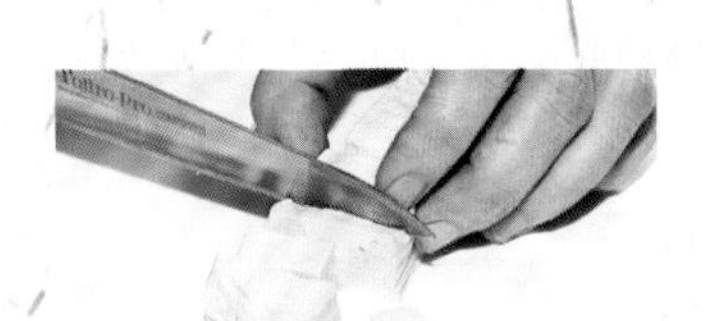

4 冲绳豆腐切丁。

5 将日式高汤倒入锅中加热，加入酱油和盐调味后，加入豆腐和海藻。

6 倒入1小勺姜汁，然后盛出即可。

材料（2人份）
日式高汤500mL
白味噌40g
醋、全麦面粉、盐、食用油各适量

莲藕年糕
莲藕1节（150g）
糯米粉60g
水60mL
松仁2大勺

装饰
胡萝卜30g
菠菜1棵（20g）
莲藕1/6节（25g）
芥末少许

用时
1小时30分钟

莲藕年糕味噌汤

年糕软糯、松仁清香

1 制作莲藕年糕。莲藕去皮，放在醋水中浸泡1小时后擦碎，放在卷帘上控干水分。

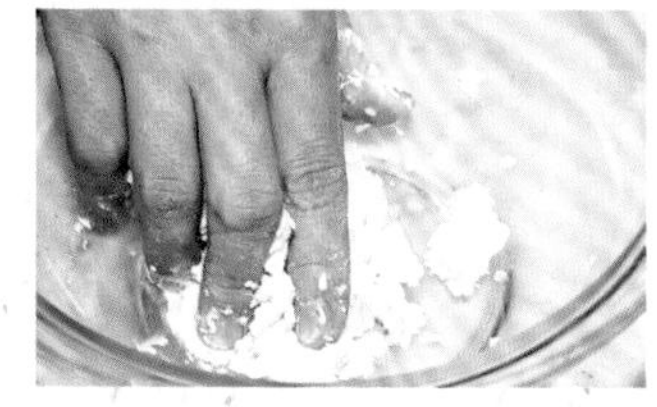

2 碗中放入糯米粉、水和盐，搅拌成团，然后加入莲藕碎继续揉匀。

3 将揉搓好的莲藕面团分成2份，放在铺好湿布的蒸笼里，大火蒸10分钟。

4 松仁炒变色。将装饰用的莲藕切出造型。胡萝卜用模具切出造型。菠菜用盐水炒熟后冷却，切成2段。

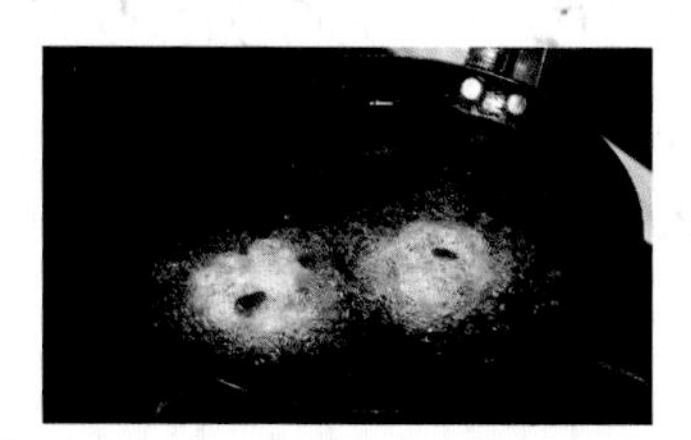

5 将松仁加入步骤3的莲藕年糕中，将面团揉成圆形，裹上全麦面粉后，在180℃的油中炸三四分钟，然后放入热水中去油。

6 日式高汤倒入锅中加热，加入白味噌，化开后放入装饰用的莲藕和胡萝卜煮熟。将莲藕年糕、菠菜放入碗中，倒入高汤，放入芥末即可。

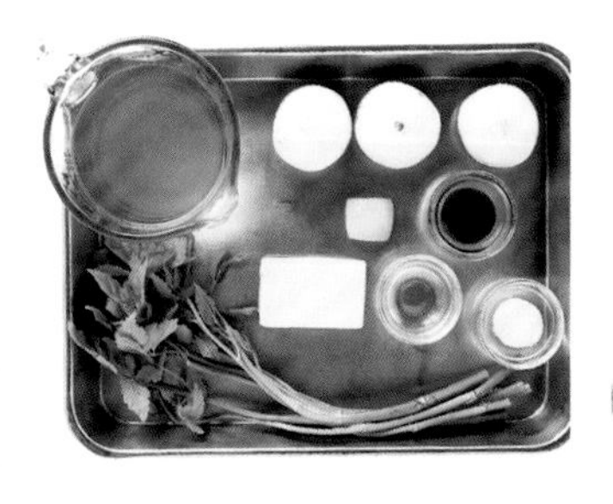

材料（2人份）
芜菁3个（200g）
嫩豆腐1/4块（60g）
水芹30g
日式高汤2杯（400mL）
淡口酱油1小勺
清酒1/2大勺
盐1/3小勺

装饰
柚子皮少许

用时
15分钟

芜菁豆腐汤

享受芜菁带来的香味

1 芜菁去皮，用擦菜器擦碎。

2 将芜菁碎放在卷帘上，绞出水分。

3 嫩豆腐切块后泡水。水芹在沸水中焯一下，然后放入凉水冷却，控干水分后切2cm长段。

4 将日式高汤倒入锅中，加热后放入淡口酱油、清酒和盐调味。加入嫩豆腐。

5 煮沸后放入芜菁碎和水芹，再次沸腾后撇去杂质。

6 加盐调味，盛出后放入擦碎的柚子皮。

材料（2人份）
猪肉50g
白萝卜30g
芋头1/2个（30g）
南瓜30g
红薯1/6根（30g）
日式高汤500mL
酱油1大勺
料酒1大勺

面团
中筋面粉60g
淀粉40g
水70mL

装饰
葱白少许

用时
30分钟

面团汤

各地都有
不同名称的基本家庭料理

1 葱白斜切成薄片，然后泡水。

2 将南瓜、白萝卜、芋头、红薯切成3mm厚的片。芋头焯后放在过滤网上。猪肉切薄片。

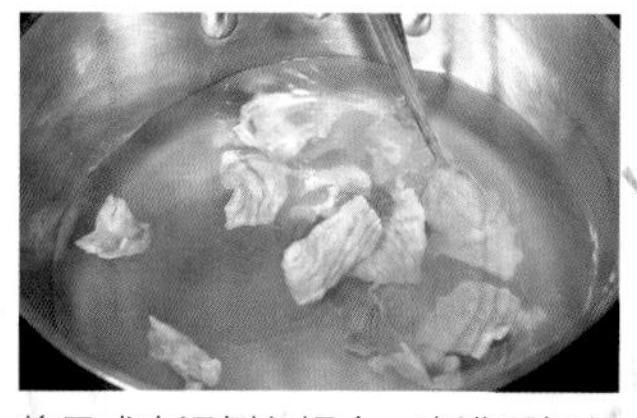

3 将日式高汤倒入锅中，煮沸后加入猪肉片，然后放白萝卜、酱油和料酒。

4 碗中放入制作面团的材料，搅拌成团。开始用筷子搅拌，逐渐成团后可以用手揉搓。

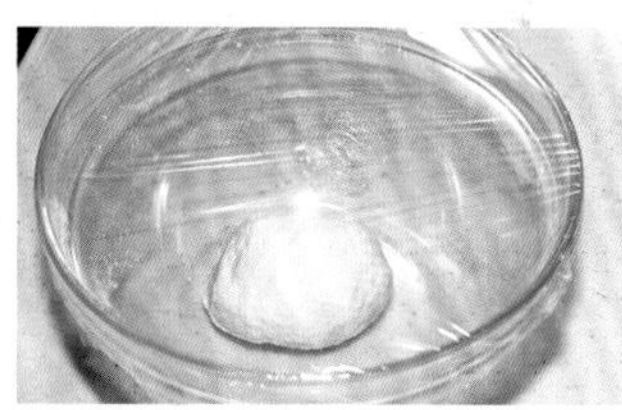

5 面团揉好后，用保鲜膜将碗盖住，静置片刻。

6 在步骤3的锅中加入所有蔬菜，汤沸腾后将面团放入锅中，面团浮起后将汤盛出，撒上葱白即可。

图书在版编目（CIP）数据

汤的全事典 /（日）川上文代著；范非译. —北京：
中国轻工业出版社，2020.10
ISBN 978-7-5184-2822-9

Ⅰ. ①汤… Ⅱ. ①川… ②范… Ⅲ. ①汤菜 - 菜谱
Ⅳ. ①TS972.12

中国版本图书馆 CIP 数据核字（2019）第 264794 号

责任编辑：胡　佳　　责任终审：李建华　　整体设计：锋尚设计
责任校对：燕　杰　　责任监印：张京华

出版发行：中国轻工业出版社（北京东长安街6号，邮编：100740）
印　　刷：北京博海升彩色印刷有限公司
经　　销：各地新华书店
版　　次：2020年10月第1版第1次印刷
开　　本：787 × 1092　1/16　印张：13
字　　数：250千字
书　　号：ISBN 978-7-5184-2822-9　定价：78.00元
邮购电话：010-65241695
发行电话：010-85119835　传真：85113293
网　　址：http://www.chlip.com.cn
Email：club@chlip.com.cn
如发现图书残缺请与我社邮购联系调换
191152S1X101ZYW